Ornamental Flowers

高等院校“十四五”园林景观艺术设计精品课程系列教材

景观花卉学(第3版)

主编　申亚梅　李　莉　马晶晶
参编　刘志高　顾翠花　季梦成　蔡建国

武汉理工大学出版社
WUTP WUHAN UNIVERSITY OF TECHNOLOGY PRESS

图书在版编目（CIP）数据

景观花卉学 / 申亚梅，李莉，马晶晶主编；刘志高，顾翠花编．-- 3 版．-- 武汉 ：武汉理工大学出版社，2025. 1. -- ISBN 978-7-5629-7185-6

Ⅰ. S68

中国国家版本馆 CIP 数据核字第 2024KD5875 号

项目负责人：杨 涛
责 任 编 辑：刘 凯 杨 涛
责 任 校 对：张明华
装 帧 设 计：艺欣纸语
出 版 发 行：武汉理工大学出版社
社　　址：武汉市洪山区珞狮路 122 号
邮　　编：430070
网　　址：http://www.wutp.com.cn
经　　销：各地新华书店
印　　刷：武汉精一佳印刷有限公司
开　　本：880×1230 1/16
印　　张：7
字　　数：252 千字
版　　次：2025 年 1 月第 3 版
印　　次：2025 年 1 月第 1 次印刷
定　　价：49.90 元

凡购本书，如有缺页、倒页、脱页等印装质量问题，请向出版社发行部调换。
本社购书热线电话：027-87391631 87523148 87165708（传真）

高等院校“十四五”园林景观艺术设计专业精品课程系列教材

编审委员会名单

前言（第3版）

历时八年，教育部对高校课程建设提出了新要求。2020年起，全面推进课程思政建设，并印发《高等学校课程思政建设指导纲要》（以下简称《纲要》），《纲要》强调立德树人，融合价值塑造、知识传授与能力培养；明确课程思政应聚焦学术理想信念，围绕爱国爱党等主题，优化内容供给，系统融入中国特色社会主义、社会主义核心价值观等多维教育。基于此，开启了本教材的修订工作，以契合课程思政建设需求。

党的二十大报告提出："我们要推进美丽中国建设，坚持山水林田湖草沙一体化保护和系统治理，统筹产业结构调整、污染治理、生态保护、应对气候变化，协同推进降碳、减污、扩绿、增长，推进生态优先、节约集约、绿色低碳发展。"在此背景下，"景观花卉学"课程的教材内容可通过挖掘花卉品种的多样性及花卉应用的巨大潜力，助力生态环境治理、气候变化应对、生态多样性提升以及绿色产业发展等目标的实现。

据报道，中国已经成为世界上最大的花卉生产国；从进出口数量也可以看出，特色花卉早已跨越国家与地区的界限，被广泛应用于城市、乡村以及家庭景观环境的营造。花卉学的研究成果和产业发展对于提升人民生活品质具有积极作用。"景观花卉学"课程能培养更多优秀的花卉学人才，推动花卉产业的创新和发展，为人们提供更多优质的花卉产品和服务，进而增进民生福祉。众所周知，花卉在中国有着悠久的栽培历史，并被赋予了很多的文化内涵和精神内涵。"景观花卉学"课程能增强学生对中华优秀传统文化的认同感和自豪感，激发他们的社会责任感和使命感，对于培养具有家国情怀和国际视野的花卉学人才，坚定文化自信自强具有重要意义。

《景观花卉学》是一本专业教材，内容涉及理论与实践两大部分，主要服务于风景园林、园林、环境艺术设计以及花卉学的相关专业，涉及工学、农学以及艺术学学科，其质量直接关系到教育教学的效果和人才培养的质量。因此，在编纂《景观花卉学》的过程中，编写组借助多年累积的丰富教学经验，紧密依托二十大报告的深刻精神内核与教育部发布的相关教育纲要，将思政教育内容巧妙融入教材之中，旨在通过这一创新实践，引导学生深刻理解工匠精神的精髓、生态文明建设的重大意义，并树立积极向上的艺术观与创作观。为顺应行业发展趋势与专业建设需求，本教材明确以培养具备大国工匠品质、深植"三农"情怀、拥有坚定文化自信的新时代人才为目标，全面实施了思政教学的革新举措。具体而言，本教材以"文化自信""工匠精神"与"家国情怀"为核心主线，构思每一章的知识要点与逻辑结构，自然流畅地融入相关思政要素。这种方式不仅传授花卉学专业知识，而且着力于提升学生的问题意识与解决能力，激发他们的创新思维。此外，教材还设计了丰富的现场认知与动手实践环节，让学生在亲身体验中锤炼独立工作能力与团队协作能力，同时深刻领会到肩上的"三农"责任与中国文化美学的独特魅力。这一系列举措，旨在促进学生全面发展，为其未来成为兼具专业素养与家国情怀的杰出人才奠定坚实基础。

本书的编写和出版得到了许多专家和学者的大力支持。在编写过程中还得到博士生张泰龙同学，硕士生刘婷、谢卓阳、付晓彤、彭宇婷、张勇燕、张迪等同学的帮助，在此表示感谢。

本书疏漏之处在所难免，恳请广大读者给予批评、指正。

申亚梅　李莉　马晶晶

2024年2月

前言（第1版）

随着人们生活水平的日益提高，人类活动范围正逐渐扩大，尤其是随着园林建设的日益发展，花卉的应用也越来越普及。花卉广泛应用于城市绿化、道路美化、庭园美化及家庭美化中，不仅应用形式多样，而且应用环境和景观效果非常丰富，并不断地拓展。除了花坛、花境、花丛等常见的应用方式之外，还出现了室内装饰、艺栽、瓶景、箱景、礼仪用花等多种形式。花卉的应用、栽培知识和技术交流等，早已跨越国家与地区的界限，使得花卉在景观设计中的地位越来越重要。

景观花卉学是顺应时代发展的一门涵盖技术与艺术的综合学科，包括花卉学的理论知识和应用两个层面。第一个层面主要是花卉的概念、分类、生长繁殖、培育；第二个层面是花卉在景观设计中的应用，包括各种花卉的具体应用方式，以及花卉在景观设计中的表现形式等内容。景观花卉学研究的具体内容主要有：花卉的分类方法、花卉与环境条件的关系、花卉的繁殖管理、各类型花卉特点及应用方式方法等。

本书图文并茂、内容新颖，重点介绍当今花卉学的最新理念及应用方式等。本书可作为高等院校景观设计、环境艺术设计、风景园林等相关专业的本、专科及高等职业教育的教材，同时也可作为相关行业人员的参考用书。

本书的编写和出版得到了许多专家和学者的大力支持。书中图片由申亚梅提供（标明出处的除外）。

本书由浙江省科协青年科技人才培育工程项目（2009年度）资助，在编写过程中，刘志高老师和熊凯、刘雪燕、卢璐、余泽智等同学参与资料的收集和图片的编辑，在此表示感谢。

由于编写时间紧张，不足之处，恳请广大读者给予批评、指正。

李莉　申亚梅

2012年4月

目录

1　概论　1

1.1　花卉的含义　2

1.2　景观花卉的作用　2

1.3　景观花卉的发展与应用　3

1.4　景观花卉学的研究　4

2　花卉的分类　5

2.1　依茎性质不同分类　6

2.2　依生长环境不同分类　7

2.3　依对光照需求不同分类　7

2.4　依用途不同分类　7

2.5　依花期不同分类　8

2.6　其他分类方法　8

3　花卉的生长发育与环境　9

3.1　花卉的生长发育过程及其规律　10

3.2　环境对花卉生长发育的影响　11

4　花卉繁殖　19

4.1　有性繁殖　20

4.2　营养繁殖　22

4.3　孢子繁殖　26

4.4　组织培养　27

5　花卉栽培设施及管理　29

5.1　花卉栽培设施　30

5.2　花卉栽培方式　34

5.3　花卉管理　35

6　各论　37

6.1　一二年生花卉　38

6.2　宿根花卉　49

6.3　球根花卉　54

6.4　水生花卉　60

6.5　岩生花卉　64

6.6　多浆植物　66

6.7　室内花卉　69

6.8　兰科花卉　76

7　花卉的应用　81

7.1　花卉应用的基本原理　82

7.2　花卉的园林应用　84

7.3　花卉装饰材料与应用　95

7.4　案例分析　99

7.5　小结与展望　102

参考文献　104

1 概论

拓展教学视频——
花卉的文化特征

[知识要领]

• 掌握花卉的定义，花卉在生态、社会文化和景观设计中的多重作用；掌握景观花卉的发展历史与应用；明确景观花卉学的研究方向，理解花卉在现代景观设计中的创新应用和重要地位。

[思政要点]

• 学习花卉的定义和景观花卉的作用，提升学生对生态文明建设内涵的认知；介绍花卉的外观特征，增强学生对花卉个体美、群体美以及生态美学的感知；勾勒花卉发展历程，使学生了解中国传统花卉艺术，增强他们的民族自信和文化自信。最终增强学生对自然的热爱和生态保护意识，激发对花卉艺术的兴趣和职业追求。

[知识结构图]

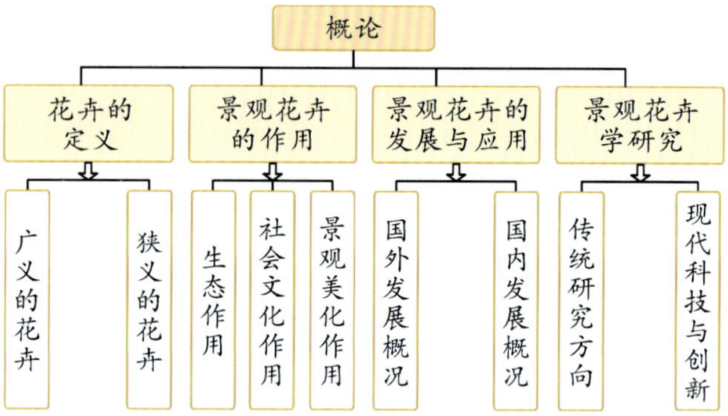

1.1 花卉的定义

花卉（Flowers and Plants）有狭义和广义之分。狭义的花卉指具有观赏价值的草本植物，广义的花卉包括草本或木本植物，如开花灌木、开花乔木、盆景及温室观赏植物。此外，一些果树在某些情况下也被划归在广义的花卉范畴之内，如桃、李、杏、梅、苹果、梨。

景观花卉学是景观设计及其相关专业的一门基础课，它涉及的范围较广，是一门多学科交叉的综合学科，主要研究花卉的分类、生长发育规律、繁殖与栽培，以及花卉在景观设计中的应用。

1.2 景观花卉的作用

花卉种类繁多，形式多样，在人们的生活环境中发挥了重要作用，主要表现在以下几个方面。

1.2.1 生态作用

现代人居环境中，不仅城镇乡村要求达到园林化标准，而且个人居住环境也需要装点美化，因此越来越多的花卉成为园林绿化、美化和香化的重要材料。而且园林花卉作为人工植被的构成部分，与园林树木等以一定比例配合，能够形成具有一定生态效益的人工植物群落，进而发挥较好的保护和改善环境的作用。

第一，花卉的碳 - 氧平衡作用。与自然环境中分布的大量森林、草原相比，城市园林花卉的面积虽然十分有限，但是在植被稀少的城市中发挥着重要的碳 - 氧平衡作用。城市中的园林花卉可以通过光合作用固碳释氧，调节城市低空范围碳氧比例，改善城区局部缺氧环境，提高区域空气质量。尤其在一些特殊的立体和小范围空间内，园林花卉的这种生态作用比其他园林植物更具优势。

第二，温湿度的调节作用。城市中建筑密集，硬化铺装结构较多，而且交通拥挤，人口集中，这不仅增加了热量的排放，同时也不利于热量的扩散，因此气温常比郊区更高，产生热岛效应，与此同时还会产生“雨岛”“干岛”等现象。城市园林花卉可以通过植物体中水分的大量蒸腾来减弱城市中的辐射热，同时还可以通过枝叶形成的浓荫阻挡太阳的直接辐射热和建筑物的逆辐射，对缓解城市的热岛效应、降低温差、稳定湿度起到显著作用，使环境更加稳定，更有利于人们的生活。

第三，净化空气的作用。园林花卉的根、茎、叶、花等器官能分泌“植物杀菌素”（芳香化合物等），可以杀死或抑制微生物和病菌，如紫藤、金银花、美人蕉、菊花、石竹、鸡冠花、仙人掌、丁香等都能分泌一定的杀菌素。在城市的环境条件下，园林花卉通过其枝叶的吸滞、过滤作用减少粉尘（粉尘为细菌的载体），从而减少城市空气中细菌含量。此外园林花卉还会产生大量的负离子，使空气得到净化。一些花卉植物对城市中的有毒有害气体也可以进行一定程度的吸收，如城市中工业生产、汽车以及化石燃料燃烧过程产生的大量二氧化硫、氯、氟化物、臭氧、氮氢化合物等。园林花卉通过呼吸作用吸收并将其转变为无毒的物质，在一定程度上起到净化环境的作用。

第四，降低噪声的作用。城市中噪声污染种类繁多，往往被人们所忽视，但是其对人的健康的影响却不容忽视。园林花卉对城市中噪声具有一定的吸收、反射作用，进而降低声波对人的影响。

第五，城市环境指示作用。一些园林花卉对大气污染比较敏感，在环境污染的情况下，会在早期表现出一些可辨识特征，可帮助人们及早进行预防，如唐菖蒲、萱草、郁金香对氟化氢敏感，桃对氯化氢敏感，秋海棠对氮化物、氧化物敏感，丁香对臭氧敏感等。因此可以利用某些花卉植物监测室内外的环境污染情况。

1.2.2 社会文化作用

人类文明的发展与不断追求“美”息息相关，美的事物让人们获得精神的愉悦，同时“美”的发现和创造也是人类文明不断进步的源泉。在纷繁、喧闹的城市、乡村等人工社会生活环境中，人们追求、向往自然美景，而花卉就是亲近自然最好的媒介。回顾整个中国乃至世界史，花卉文化早已贯穿文明演替的历程，在时间长河中，人们赏花、种花、写花、绘花、用花，甚至以花歌颂高贵品格。

古今之人皆好赏花、种花，认为其是生活中的一种雅兴。最早的赏花活动是到自然界中去寻找芳姿，观赏万花丛中的美景，这也构成了游乐消遣的一项重要内容。随着人们生活水平的提高，出现了人工培植的花卉和人造的花园，能工巧匠用自己的勤劳与智慧把花卉植物栽植得更加妖娆，为大自然添加无限美好的人工景致。隋唐时代，隋炀帝率队直下扬州就为一睹琼花芳容，武则天宴饮歌赋庆赏洛阳牡丹盛开。同时，花卉的使用也是一门艺术。花卉逐渐成为现代社会的交往媒介，无论在外交活动、典礼剪彩、文艺演出，还是探亲访友、婚丧礼节等场合，人们都非常重视花卉的应用，如以百合来祝愿新人百年好合、心心相印，以康乃馨、郁金香象征生活温馨幸福等。随着人民生活水平的不断提高，对于切花、盆花的需要也日益增加，人们不满足于只在园林中赏花娱乐，还用花卉来装饰室内生活环境，丰富日常文化生活。

花卉在文学作品中更是一大瑰宝，人们写花、画花，以花抒情明志。在中国悠久灿烂的文化艺术长河中，历代以花卉为主题的诗词和绘画更是数不胜数，仅《中国花卉诗词全集》就收录了先秦至当代的花卉诗词24300多首，咏花332种，其中有屈原的《离骚》、李世民的《采芙蓉》等；绘画作品如李嵩的《花篮图》、郑板桥的《丛竹图》、郎世宁的《仙萼长春图》、陈师曾的《菊石图》等。这些艺术作品借物抒情、托物言志，充分体现了作者对花的喜爱。西方一些著名的绘画艺术作品，如凡·高的油画《向日葵》和《鸢尾花》、毕加索的《拿烟斗的男孩》，都以鲜花为主题或烘托环境。当然，花卉不仅带给人们丰富的艺术想象力，更是一种文化和地域的象征。很多国家以花卉为国家形象的代表，如美国为玫瑰、法国为鸢尾、荷兰为郁金香、日本为樱花、印度为荷花，尽管我国没有确定国花，但各地区形成了独具特色的花卉象征。

此外，花卉也具有一定的经济价值。近年来花卉业成为很多国家和地区农业创汇的支柱，真正显示其作为“效益农业”的作用和发展潜力。以世界花卉生产大国荷兰为例，该国花卉从业人员仅有7万多人，种植面积为农业生产总面积的7%，但其产值占农业总产值的39%，2019年出口额达62亿欧元，人均创汇约8.9万欧元。我国的花卉生产已成为国家发展高产、优质、高效农业的一个组成部分，其中云南地区凭借着优越的自然条件和自然禀赋，已经发展为国内最大的花卉产业基地、全球三大新兴花卉产区之一和全球第二大鲜切花交易中心。

无论是花卉的文化作用还是经济价值，都是花卉社会文化作用的重要体现。认识花卉，重视花卉教育，养花赏花，不仅能增长花卉科学文化知识，陶冶情操，而且还可以学习传统礼仪，挖掘花卉的社会经济价值。

1.2.3 景观美化作用

花卉种类繁多，在形态特征、生活习性、生物学特性上各有特点，因此在园林中的栽培管理、景观效果、生态环境效果、应用范围等方面也不尽相同。某些园林花卉色彩艳丽、丰富，尤其是草本花卉形体小，质感柔软、精细，主要观赏价值在于观花或观叶，其在应用上更适于面状或丛状布置；而有些乔木、灌木型园林花卉，植株较大、花量大、香味浓郁，适合于片状布置或孤植。概括起来，花卉在园林中的应用形式主要有花丛、花带、花台、花坛、花境、花卉立体应用和专类园等。

1.3 景观花卉的发展与应用

花卉的应用与栽培由来已久。据考古发现，早在公元前3000年，苏美尔人就在土器上留下了菊花花纹；在古埃及金字塔里发现茉莉的种子和叶子，表示两河流域和尼罗河流域在那时就已开始栽培蔷薇和铃兰；在克里特岛出土的公元前1500年的壶上留有番红花纹样；在埃及发掘的距今3700年的坟墓中发现了蓝色、白色的睡莲花瓣及壁画。在我国，出土的新石器时代陶器里有葫芦果造型的器物；浙江余姚河姆渡文化遗址出土的荷花花粉化石，证明了我国古人利用荷花的历史已有7000多年。

我国是世界栽培植物的起源中心之一，有着极其丰富的花卉资源，被誉为“世界园林之母”。人们对花卉的认识和利用经历了漫长的发展历程，逐渐积累了具有中国特色的花卉知识和文化。早期的花卉主要为皇家园林服务。例如，春秋时期（公元前770年—前476年）吴王夫差建梧桐园和会景园，在太湖之滨灵岩山离宫为西施修“玩花池”，这时已经开始人工栽植荷花等花卉。秦朝时期的阿房宫更是广种花木，文献记载主要有枇杷、黄栌、木兰、厚朴等木本植物，还引入了许多在西安不能露地过冬的植物。汉武帝重修上林苑，各地争相进献奇花异草，名木、奇树、花草达2000多种，并且设有专门的暖房栽种热带、亚热带植物，记载的种类有桂花、龙眼、荔枝、槟榔以及梅和桃的不同品种，这是当时规模最大的园林植物引种驯化试验。从隋唐时期开始，花卉园艺变得更加繁荣，不再局限于皇家园林，而是出现在许多私家园林和公共场所。这使得花卉种类和栽培技术得到了巨大的发展。同时，花卉的培育和鉴赏逐渐成为当时的一种流行文化，成为诗人们咏颂的主题。这种文化推动了花卉的栽培和应用，比如借助花卉文化，洛阳牡丹名噪一时。此外，花卉栽培等园艺技术通过广泛的国际交流，逐渐影响到周边的一些国家，如日本。宋朝时期花卉的应用和栽培更是深入到了社会的各个角落，如宋代农书《玉堂新答》中就详细介绍了各种花卉的栽培方法和养护技巧，为后人提供了宝贵的参考。在同期，诗歌、绘画等艺术更是获得空前的发展，宋代画家王时敏的牡丹画作，以其浓郁的色彩和华贵的形态展示了中国人对牡丹的钟爱。古人对宋徽宗时期的皇家园林——艮岳寿山中的植物应用有详细的记载，其不仅种类繁多，而且应用水平较高，配有多种种植方式，如在纯林内营建种植菊、黄精等药用植物的“药寮”，在水体中种植蒲、菰、荇、蕖、菱、苇、芦、蓼等水生花卉。至明朝时期，发达的航海业促进了中国与海外国家的文化交流，更促进了造园技术的进步。此时的私家园林很多，各地逐渐出现了风格不同的园林，而且这一时期非常注重造景材料的季相变化，如春季有梅花、夏季有荷花、秋季有菊花、冬季有梅兰竹等，使园林在不同季节都能展现出独特的魅力。清代建造的园林数量和规模超过历史上其他任一朝代，不仅有皇家园林，也出现了很多经典私家园林。康乾时期建造的圆明园，经过几代皇帝的不断完善，达到了历史上皇家园林建造的最高水平。它不仅是一座珍宝馆，还是当时世界上最大的皇家博物馆、艺术馆、图书馆，里面藏有名人字画、秘府典籍、钟鼎宝器、金银珠宝等稀世文物，汇集了古代文化的精华。更重要的是，圆明园还是一座异木奇花之园，中西方名贵花木多达数百万株，完整目睹过圆明园的西方人把它称为“万园之王”。清末至中华人民共和国成立前期，由于战乱频繁，花卉的应用和栽培受到了极大的影响。中华人民共和国成立后，花卉园艺事业才得以恢复和发展，在专门园林机构的建设、专业人才的培养以及园林花卉植物栽培等方面都得到较好的发展。尤其是改革开放以后，1984年成立了中国花卉协会，这标志着景观花卉事业进入了一个新的发展阶段。国内开始举办各类花卉博览会、市花展览、专业花展等，景观花卉事业开始获得更多的关注和支持。除此之外，在花卉品种改良、病虫害防治、园林设计等方面，不断有新的技术和方法被研究开发。这些技术的应用不仅提高了景观花卉的品质和产量，也为花卉事业的可持续发展提供了保障。

花卉的应用伴随着人类活动范围的逐渐扩展，与园林建设同步发展。在有人类活动的地方，就有花卉应用，其不仅种类和形式多样，而且产生的环境和景观效果也非常丰富，这使得花卉与人们生活的关系更加密切。除了花坛、花境、花丛等常见应用形式外，花卉应用还有室内装饰、艺栽、瓶景、箱景、礼仪用花等形式。随着现代园林事业的不断发展，城市绿化和家庭美化中有更多更优的花卉种类和品种得到应用，应用形式也在不断拓展。花卉的应用、栽培知识和技术交流等，早已跨越了国家与地区的界限。花卉不仅是一种美丽的自然资源，更是与人类生活息息相关的文化资源；花卉园艺事业的发展不仅是经济领域的进步，更是对中华民族文化的传承和发展。在花卉的应用和发展过程中，要注重保护生态环境，促进可持续发展；注重弘扬园林文化，传承中华优秀传统文化，培养社会责任感和文化自信心；也要重视景观花卉事业的生态价值，积极践行绿色发展理念，保护生态环境，促进人与自然的和谐共生。同时，还要加强对园艺人才的培养，提高他们的专业素养和创新能力，为花卉园艺事业的可持续发展作出贡献。

1.4 景观花卉学的研究

早期的花卉学研究主要集中在花卉分类、分布及栽培与应用技术等方面，如1597年欧洲出版的《花园的草花》、1629年的《世俗乐园》、1667年的《宫廷造园家》及1669年的《荷兰造园家》中介绍了花卉栽培技术、花坛设计等内容。而1724年出版的第一部花卉园艺大词典——*The Gardener's and Florists Dictionary*和1728年出版的《造园新原则及花坛的设计与种植》对花卉的栽培与应用技术介绍得更为详细。我国古代也有类似的著作，如陈淏子的《花镜》记述繁殖法和栽培法，有插花、盆景等内容，是公认的历史专集中最可贵的花卉书之一。中西方这些有关花卉的著作充分体现了人们对花卉研究与应用的深厚认知积淀，这极大地促进了景观花卉学的发展。

随着近代科学技术的飞速发展以及花卉产业规模的不断扩大，花卉的创新与应用研究得到发展，特别是在景观设计方面进入了新的历史阶段。

传统花卉的价值主要体现在观赏性，主要的形式就是观花、观果、观形、闻味。新技术的应用，如声、光、电技术的应用，使得花卉的观赏性更具特色。如一些科研人员使用特殊的荧光色素，使得一些花卉具有夜光效果；日本名古屋一家通信器材公司LETS则开发出一种花瓶，它能使插在花瓶里的鲜花发出声音。现代的艺术手法也使花卉的观赏性更具特色，如X射线花卉照片，利用高分辨影像处理技术，使得花卉的美以更新颖的形式展示出来。此外，花卉应用技术上的创新，如花坛、花架、花台等，花卉精油、色素的提取技术，食用花卉产品的研发，都使花卉应用更加广泛，形式更加多样。

课后习题

1. 如何理解花卉与景观花卉学的概念?

2. 描述花卉在提升现代人居环境质量方面的作用。讨论如何通过花卉的合理配置与应用，实现绿色生活的理念。

3. 如何理解现代花卉学在景观设计中的发展与应用?

4. 简述花卉学在中国的发展与应用，并结合当前的社会文化环境，讨论如何在花卉教育和园艺实践中传承中华文化和展现文化自信。

5. 以某种花卉为例，探讨其在生态修复和环境监测中的潜在作用，并讨论如何在园林设计中发挥该花卉的最大效益。

2 花卉的分类

[知识要领]

・掌握园林花卉的常见分类方法，包括按茎性质、生长环境、光照需求和用途等分类；理解花卉多维度分类，认识植物多样性和在园林设计中的应用重要性。

[思政要点]

・使学生理解花卉分类的科学基础和实践意义，增强对自然生物多样性的认识和尊重。学习不同花卉特性与需求，促进学生理解花卉的生态环境影响与适应性的相互关系，培养对自然生态的感知力。此外，分类学习也培养了学生的逻辑思维能力和系统认知能力，为他们将来在园艺、生态保护或其他相关领域的职业生涯奠定坚实的基础。

[知识结构图]

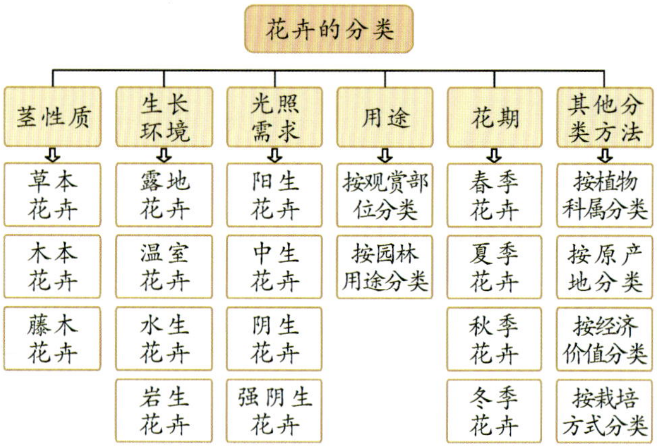

园林花卉种类繁多，分类依据不同，其分类方法也各不相同，本章介绍一些园林花卉的常见分类方法。

2.1 依茎性质不同分类

2.1.1 草本花卉

草本花卉的茎为草质，比较柔弱，草本花卉又可以进一步分为3种类型。

1）一年生花卉

一年四季之内完成播种、开花、结实、枯死整个生活史的植物为一年生花卉。由于它的特殊生活史，一年生花卉又称春播花卉，如凤仙花、半支莲、百日草、鸡冠花、万寿菊等。

2）二年生花卉

在两个生长季内完成生命周期的花卉为二年生花卉，在当年只进行营养器官生长，次年开花、结实、死亡。这类花卉一般秋天播种，次年春季开花，虽整个生长周期不满两年，但它们跨年度生长，因此又称秋播花卉或越年生花卉，如五彩石竹、紫罗兰、羽衣甘蓝、瓜叶菊、金鱼草、紫罗兰等。

3）多年生花卉

个体寿命超过两年，当年开花结实后，地上部分多枯死，地下部分正常过冬，来年春天重新萌发新枝，能多次开花结实的为多年生花卉。根据地下部分形态变化，多年生花卉可分两类。

（1）宿根花卉

地下部分形态正常，不发生变态且在土壤中不死，宿根过冬，如菊花、非洲菊、芍药、萱草等。

（2）球根花卉

地下部分具有肥大而富含营养的变态茎或变态根。依其性质与形态的不同，可分为下列五种类型：

①鳞茎类：地下部分的茎短缩，呈鱼鳞片状，形成鳞茎盘，鳞茎盘上长有肉质鳞片状叶，整个鳞茎由鳞叶包裹而呈球形。此类花卉以鳞茎越冬，春季或秋季用鳞茎繁殖，如百合、水仙、朱顶红、郁金香、风信子等。

②球茎类：地下茎短缩肥大，呈球形或扁球形，外被革质皮，质地坚硬。此类花卉常春季或秋季以球茎或子球繁殖，如唐菖蒲、香雪兰、小苍兰等。

③根茎类：地下茎肥大，呈根状、肉质，有明显的节，节上有侧芽，新芽着生在分枝的顶端，节上也能生根。此类花卉春季用其根茎繁殖，如美人蕉、鸢尾、玉簪、荷花、睡莲等。

④块茎类：地下茎呈不规则的块状或条状，具芽眼，新芽从芽眼上萌发，如马蹄莲、海芋、大岩桐、晚香玉等。

⑤块根类：地下主根肥大，呈块状，根系从块根的末端生出，根茎分界处有芽，块根上不具芽眼，如大丽花、仙客来等。

2.1.2 木本花卉

木本花卉的茎木质部发达，依据其性状，木本花卉又分为乔木类与灌木类。

①乔木类：树形高大，主干明显，侧枝从主干上发出，枝叶繁茂。此类花卉常绿的有荷花玉兰、木荷、大王椰子、高山榕、观赏柑橘等，落叶的有垂柳、鸡爪槭、法国梧桐、黄金树、紫叶李等。

②灌木类：植株矮小，无明显主干，茎从基部分枝呈丛生状态。此类花卉常绿的有栀子花、杜鹃、山茶花、大叶黄杨、海桐等，落叶的有连翘、蔷薇、红叶小檗、贴梗海棠等。

2.1.3 藤本花卉

藤本花卉体细长，不能直立，只能依附别的植物或支持物缠绕或攀援向上生长。依据茎性质的不同，藤本花卉又可分为两类。

（1）木质藤本花卉

茎木质化程度高，如紫藤、葡萄、猕猴桃、金银花等。

（2）草质藤本花卉

茎草质，如五叶地锦、牵牛花、常春藤、络石等。

2.2 依生长环境不同分类

2.2.1 露地花卉

露地花卉指在当地自然条件下不加保护设施能完成全部生长发育过程的花卉。实际栽培中有些露地花卉冬季也需要简单的保护，如使用阳畦或覆盖物等。

2.2.2 温室花卉

温室花卉指需要在温室中栽培，提供保护，方能完成整个生长发育过程的花卉。一般多指原产于热带、亚热带及南方温暖地区的花卉，它们在北方寒冷地区必须在温室内栽培或冬季需要在温室中保护过冬，包括草本花卉，也包括观赏价值很高的一些木本植物。常见温室花卉类型如下：

①一二年生花卉：如瓜叶菊、蒲包花、彩叶草、报春花等。

②宿根花卉：如非洲紫罗兰、鹤望兰、百子莲、非洲菊、花叶竹芋、蜘蛛抱蛋等。

③球根花卉：如仙客来、香雪兰、马蹄莲、大岩桐、球根秋海棠、彩叶芋等。

④兰科植物：依其生态习性不同，又可分为两类。地生兰类，如春兰、蕙兰、建兰、墨兰、寒兰等；附生兰类，如卡特兰、蝴蝶兰、石斛、兜兰等。

⑤多浆植物：指茎叶具有特殊贮水能力，呈肥厚多汁变态状，并能耐干旱的植物，如仙人掌、蟹爪兰、昙花、芦荟、绿铃、生石花、玉米石、龙凤木、龙舌兰等。

⑥蕨类植物：又称羊齿植物，如铁线蕨、肾蕨、巢蕨、鹿角蕨等。

⑦食虫植物：如猪笼草、捕蝇草、瓶子草等。

⑧凤梨科植物：如彩叶凤梨、虎纹凤梨、金边凤梨、筒凤梨等。

⑨草木本植物：又称亚灌木花卉，如倒挂金钟、香石竹、天竺葵、竹节海棠等。

⑩花木类：如一品红、龙血树、龟背竹、米仔兰、珠兰等。

⑪水生花卉：如王莲、热带睡莲等。

2.2.3 水生花卉

水生花卉指生长在水中或沼泽地中，或耐水湿的花卉，按其生态习性及与水分关系，可分为以下几类：

①挺水花卉：根生于泥水中，茎叶挺出水面，如荷花、慈姑、泽泻等。

②浮水花卉：根生于泥水中，叶片浮于水面或略高于水面，如睡莲、王莲等。

③沉水花卉：根生于泥水中，茎叶全部沉于水中，偶有露出水面，如莼、眼子菜、金鱼藻、红线草等。

④漂浮花卉：根伸展于水中，叶浮于水面，随水漂浮流动，在水浅处根可生于泥中，如凤眼莲、浮萍等。

2.2.4 岩生花卉

岩生花卉指耐旱性强，适合在岩石园栽培的花卉，一般为宿根性或基部木质化的亚灌木类植物，还有蕨类等好阴湿的花卉。此类花卉有虎耳草、银莲花、蓍草、景天类、铁角蕨等。

2.3 依对光照需求不同分类

2.3.1 阳生花卉

阳生花卉又称阳性花卉、喜光花卉或喜阳花卉。其喜欢在阳光充足的条件下生长发育，受光不足时，生长不良，枝少、叶小，花芽形成也较慢，花朵小且色差，香味变淡，衰老加快。大部分观花、观果花卉属阳生花卉，如月季、旱金莲、香石竹、茉莉、石榴、玉兰、梅花、半支莲、柑橘、紫薇等，仙人掌类多肉植物以及多数水生花卉都属此类，观叶植物中的苏铁、橡皮树、棕榈等也属阳生花卉。

2.3.2 中生花卉

中生花卉主要包括一些暖温带花卉。这类花卉对光照强度的适应范围较大，即对太阳辐射能需要量的可变范围较大，但在光照过强及太荫蔽的条件下都长得不好，如牡丹、菊花、茉莉、巢凤梨、白兰、桂花、橙黄瑞香、怒江红杉等。

2.3.3 阴生花卉

这类花卉多原产于热带雨林或高山的阴面及林荫下面，生长时需光量较少，不能忍受阳光直接照射，庇荫度要求50％左右，如巴西铁、富贵竹、绿萝、太阳神、袖珍椰子、银皇后、红掌、金钱树等。

2.3.4 强阴生花卉

这类花卉在强光下叶面会变得粗糙，颜色变暗，甚至枯焦，庇荫度要求80％左右，如兰科花卉、天南星科及蕨类植物等。

2.4 依用途不同分类

2.4.1 依观赏部位分类

这种分类方法主要以人们对园林花卉观赏的器官为依据，将园林花卉分为观花植物、观叶植物、观果植物、观茎植物、芳香植物、观景植物等。

1）观花植物

此类型的花通常花色艳丽，花朵硕大，花形奇异，并具香气。春天开花的有水仙、迎春、春兰、杜鹃花、牡丹、月季、君子兰等，夏、秋季开花的有米兰、白兰花、扶桑、夹竹桃、昙花、珠兰、大丽花、荷花、菊花、一串红、桂花等，冬季开花的有水仙、蜡梅、仙客来等。

2）观叶植物

观叶植物通常叶形奇特美观，不落叶，但花形不美，花朵小，色彩不鲜艳。常见的有变叶木、米兰、吊兰、芦荟、万年青、朱蕉、龙血树、富贵竹、文殊兰、文竹、蜘蛛抱蛋、橡皮树、海桐、红背桂、红枫等。

3）观果植物

此类花卉果实累累，色彩鲜艳，挂果时间长，如石榴、苹果、山楂、火棘、枸骨、代代、佛手、金橘、朱砂橘、乳茄、珊瑚樱、五彩椒、唐棉、紫金牛、观赏西红柿、观赏南瓜等。

4）观茎植物

此类花卉叶片稀少甚至全无或变态为针刺、鳞片状，花形小，无观赏价值，但其茎枝却独具风姿，可用以观赏。常见的有竹节蓼、光棍树、蟹爪兰、仙人掌、仙人球、紫竹、佛肚竹等。

5）芳香植物

此类花卉虽花小且色彩不艳，但其香味浓郁、花期较长，如茉莉、丁香、白兰、栀子、含笑、桂花等。

6）观景植物

观景花卉指以树木为主体的树桩盆景，是对山野间挖来的树桩或栽培的植株，经人工修剪、盘曲等各种造型技巧和艺术加工，使其生长健壮而老熟、苍劲而古朴。常选用的材料有五针松、瓜子黄杨、银杏、鸡爪槭、榆叶梅、六月雪、石榴、梅花、迎春等。

7）其他类型花卉

有些园林花卉如马蹄莲、红掌、三角梅，具色彩美丽、形态奇特的苞片；海葱具硕大的绿色鳞茎；银芽柳、石楠结得美丽的花芽。这些植物都是观赏价值较高的园林花卉。

2.4.2　依园林用途分类

依园林用途分类，花卉可分为室内花卉、盆栽花卉、切花花卉、花坛花卉、地被花卉。

①室内花卉：较耐阴，适宜室内较长期摆放和观赏的花卉，如非洲紫罗兰、椒草等。

②盆栽花卉：花卉生产的一类产品，指株丛圆整、开花繁茂、整齐一致的花卉，主要观赏盛花期的景观，如菊花、一品红。

③切花花卉：用来进行切花生产的花卉，如百合、满天星。

④花坛花卉：用于室外园林美化的草花。

⑤地被花卉：低矮、抗性强，用于覆盖地面的花卉，如百里香、二月兰、白三叶。

2.5　依花期不同分类

此分类根据长江中下游地区的气候特点，从传统的二十四节气的四季划分法出发，依据诸多花卉的盛花期进行。

①春季花卉：2月至4月期间盛开的花卉，如金盏菊、虞美人、郁金香、花毛茛、风信子、水仙等。

②夏季花卉：5月至7月期间盛开的花卉，如凤仙花、金鱼草、荷花、火星花、芍药等。

③秋季花卉：在8月至10月盛开的花卉，如一串红、菊花、万寿菊、石蒜、大丽花等。

④冬季花卉：在11月至翌年1月开花的花卉。因冬季严寒，长江中下游地区露地栽培的、花朵能盛放的花卉种类稀少，常用观叶花卉取而代之，如羽衣甘蓝、红叶甜菜。温室内开花的有多花报春、鹤望兰等。

2.6　其他分类方法

因园林花卉植物种类多，不同学者对园林花卉的分类方法也不尽相同，除以上常用的分类方法外，在实际研究中还会遇到一些别的分类方法。如根据温度、光照、水分对花卉的影响进行分类，该内容将在第3章详细讲述；一些植物学家习惯用植物的科、属命名花卉类型，或按花卉的原产地进行分类；一些从事花卉经济价值研究的学者按照花卉的经济价值进行分类；一些栽培学家按照花卉的栽培方式进行分类。

课后习题

1．园林花卉实用分类与植物的自然科属分类本质上有何不同?

2．试述一年生花卉、二年生花卉、多年生花卉的含义，并举例说明。

3．请说出15类不同的园林花卉。

4．以观赏部分的特性为依据分类，花卉植物可分为几类？每个类别试举出五个例子。

5．按园林用途进行分类，花卉植物又可分为哪些种类?

6．水生花卉怎样进行分类？请选择一类，讨论其在现代园林水景设计中的应用和环境效益。

7．试述掌握花卉分类的方法对花卉生产和科研的意义。

8．请举例说明按照花卉茎性质的不同，花卉是如何进行分类的。

3 花卉的生长发育与环境

[知识要领]

• 掌握园林花卉生长发育过程及其与生长环境的关系，以及主要生态因子（温度、光、水分、养分、土壤、营养元素和大气成分）对园林花卉生长发育的影响。

[思政要点]

• 通过本章学习，学生了解花卉的生长发育过程及其规律，感知生命的美妙；讲解极端环境对花卉生长发育的影响，引导学生思考自身成长过程中如何应对挫折；介绍自然生态环境因子单个作用和协同作用育成不同类型的花卉，以及人们在培育过程中以科学、生态、节能的手法培育花卉等知识，引导学生认识技术创新的重要性。

[知识结构图]

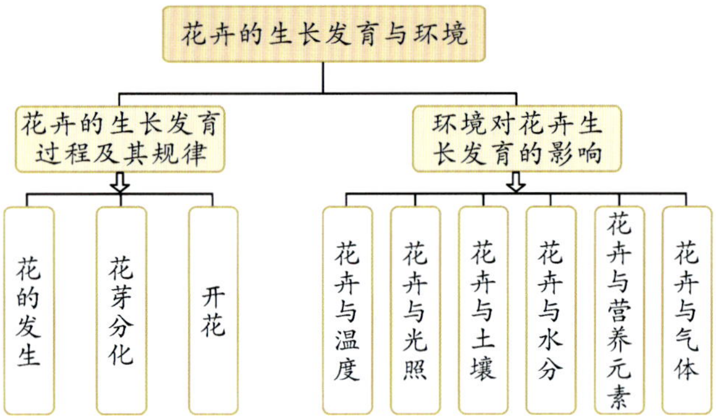

各种花卉的生长发育除与自身遗传因素有关外，还主要受生态环境因子的影响，这些因子包括光、温、水、气、土、肥及生物因子等。花卉繁殖的技术关键也就是创造适宜的环境条件，满足花卉生长发育需要。在花卉生长发育过程中，环境因子常常不断变化，且相互影响和相互作用。不同的花卉在不同的生长发育阶段对环境条件要求也不同，但在同一花卉的一定发育阶段，诸多环境因子中常有一个主导因子，抓住这个主导因子，就能控制好花卉的生长发育方向。

3.1 花卉的生长发育过程及其规律

花卉同其他植物一样，一生中既有生命周期的变化，也有年周期的变化。在个体发育中，多数种类经历种子休眠与萌发、营养生长和生殖生长三大时期（孢子繁殖的花卉不经过种子时期）。由于花卉种类繁多，原产地的生态环境复杂，其生长发育过程和类型以及对外界环境条件的要求也比其他植物繁多而富于变化。不同种类花卉的生命周期长短差距甚大，一般木本花卉的生命周期从数年至数百年，如牡丹的生命周期可达400年；草本花卉的生命周期短的只有几日（如短命菊），长的数年（如常春藤、鸢尾、君子兰、蜀葵、毛地黄、金鱼草、美女樱、三色堇等）。

在适宜的温度、水分、光照、土壤等条件下，发育成熟的植物种子都可以萌发，胚根向下、胚轴向上生长，最后在地面长出茎和叶，在土壤中形成根。根是重要的营养吸收器官，影响地上生长状况，一般草本花卉的根系在土壤中分布较浅。地下根系在土壤中的分布情况取决于该物种根系的类型、繁殖方法和根系环境条件。大多数草本花卉的根系仅有伸长生长而没有增粗生长，栽培管理中肥水的供给情况造成根际环境不同，也会影响根在土壤中的分布。

幼苗生长阶段，地上最明显的形态变化是茎伸长和增粗或产生分枝，但草木花卉的茎不木质化或木质化程度极低。营养生长的另一特征是叶片数量增多，叶面积增大。无论是整株植物还是各部分器官的生长都经历着“慢→快→慢”的变化历程，这种周期性的规律称为生长大周期，又称生长的“S”曲线，这是植物生长的固有规律，有的花卉表现明显，而有的花卉不太明显。如郁金香栽种后，开始萌动，最初生长比较缓慢，接着明显加快，最后又减慢，开花后地上部分生长极不明显。而金盏菊在条件适宜的情况下生长一直较快，花后还有一个高生长过程。

植物营养生长到一定阶段，受内外环境的影响，即转入生殖生长。营养生长和生殖生长是植物生长周期的两个不同阶段，营养生长是生殖生长的基础。营养器官充分生长发育，达到成花感受态，接受外界条件的刺激后成花，开始花芽分化，然后开花、结实。目前关于植物成花机制仍有许多未解之谜。

从景观花卉应用角度，我们更关注的是植物开花。从外部形态上，植物长到一定大小就会开花。但实际上，开花过程要复杂得多，需要经过花的发生、花芽分化与发育，然后才能开花。

1）花的发生

顶端分生组织不再产生枝芽，而是向成花方向发展，出现花器官各部分的原基，形成花芽。

2）花芽分化与发育

花器官各部分原基进一步分化，发育为花或花序的各个部分。花器官原基各部分分化不是同步的，其顺序一般是由外向内，依次形成萼片原基、花瓣原基、雄蕊原基和雌蕊原基，并伸长发育。由于花的形态各异，分化顺序有所不同。我们有时会观察到一些开放的花卉缺少花的某一部分（如花瓣或雌雄蕊）或开放不正常，这是因为花芽分化发育不完全。

3）开花

分化发育完全的花芽，在适宜的外界条件下，花萼和花瓣打开，也有一些花卉首先伸长花梗，然后才开花。植物何时成花，取决于遗传特性，一般植物都有成花年龄，即成花前营养生长所需要的时间。达到成花年龄，生理上就达到了成花感受态。草本植物成花年龄短，不同种和品种间成花年龄差异也很大，如矮牵牛花在子叶期给予短日照，就能诱导开花；唐菖蒲早花品种种植90d就开花，而晚花品种要120d才能开花。植物成花受外界环境影响也很大，到达成花年龄，但缺少外部环境条件，植物也不开花。目前研究较多也比较清楚的是温度和光照这两个因子在其中所起的作用，这些外界环境因子通过影响基因表达或生理代谢从而影响成花和开花。因此，人们可以通过改变成花的外界条件来调节植物开花。如利用遮光处理形成短日照环境；通过延长光照时间创造长日照条件；升高或降低环境温度以满足成花和开花要求。

总的来说，花卉的生长发育受内部和外部因子的影响与调节。目前研究表明，内部因子主要是体内产生的化学信号——植物激素和一些化学物质等，外部因子主要是光照、温度、水分、养分等，这些内外因子通过信号传导，诱导相关基因表达，影响生理生化代谢过程，从而控制生长发育。

3.2 环境对花卉生长发育的影响

一方面，花卉生长的环境因子主要包括温度（气温与地温）、光照（光的组成、光的强度和光周期）、水分（空气湿度与土壤湿度）、土壤（土壤组成、物理性及土壤pH值）、营养元素以及大气等，它们相互关联，相互制约，综合影响着花卉的生长发育。另一方面，花卉在长期的系统发育过程中，对环境因子的变化也产生了各种不同的反应和多种多样的适应性。因此，正确了解和掌握花卉生长发育与环境因子的相互作用机理，是研究花卉生产和应用的基础。

3.2.1 花卉与温度

1）花卉对温度三基点的要求

温度是影响花卉生长发育最重要的环境因子之一，关系也最为密切，因为它影响着植物体内的一切生理变化。每一种花卉的生长发育，对温度都有一定的要求，都有温度的“三基点”：最低温度、最适温度和最高温度。花卉种类不同，原产地气候类型不同，温度的“三基点”也不同。原产热带的花卉，生长的基点温度较高，一般在18℃以上开始生长；原产温带的花卉，生长基点温度较低，一般在10℃左右就开始生长；原产亚热带的花卉，其生长的基点温度介于两者之间，一般在15～16℃开始生长。例如热带水生花卉王莲的种子，需在30～35℃水温下才能发芽生长；仙人掌科的蛇鞭柱属多数种类在28℃以上的高温情况下才能生长；原产温带的芍药，在冬季低于-10℃条件下，地下部分不会枯死，次年春天10℃左右即能萌动出土。生长最适温度是最适于生长的温度，这里所指的生长最适温度不同于植物生理学中所指的最适温度，即生长速度最快时的温度，而是说在这个温度下，花卉不仅生长快，而且生长很健壮、不徒长。

2）温度对花卉分布的影响

不同气候带中有不同的植被类型，也分布着不同的花卉。如气生兰类主要分布在热带、亚热带；百合类绝大部分分布在北半球温带；仙人掌类大多数原产于热带、亚热带干旱地区的沙漠地带或森林中。不同的海拔高度也分布着不同的花卉。著名的高山花卉如雪莲、各种龙胆、绿绒蒿、杜鹃、报春花等分布在高海拔地区。也有广泛分布的品种，如龙芽菜可在多个海拔高度出现，既生长于华东浙江天目山下，也常出现于华北的一些山地。

由于气候带不同，气温相差甚远，花卉的耐寒程度也各不相同，通常依据耐寒程度可将花卉分成如下三类：

（1）耐寒性花卉

原产于温带及寒带，抗寒力强。在我国北部寒冷地区能露地越冬，一般能耐0℃以下的低温，个别能耐-5～-10℃的低温，如金盏菊、三色堇、玉簪、雏菊、金光菊等。

（2）半耐寒性花卉

大多原产于温带较暖地区，在华北、东北、西北地区露地栽培时需包草保护越冬。盆栽需移入室内越冬，如菊花、芍药、睡莲、凤眼莲、风信子、唐菖蒲等宿根和球根花卉，以及牡丹、碧桃、石榴等落叶花卉。

（3）不耐寒性花卉

不耐寒花卉又称温室花卉，原产于热带和亚热带地区，不耐寒，不能露地越冬，冬季需移入温室或室内养护，一般在15～30℃之间生长良好。具体又可分为以下四类：

①冷室花卉：温度保持1～5℃的室内就能越冬的花卉，如棕竹、苏铁、文竹、蒲葵等。

②低温温室花卉：温度需保持在5～8℃才能越冬的种类，如报春花、瓜叶菊、秋海棠等。

③中温温室花卉：温度需保持在8～15℃才能越冬的种类，如仙客来、吊钟海棠、蒲包花、天竺葵等。

④高温温室花卉：温度需保持在15～25℃甚至30℃才能越冬的种类，如各种热带兰花、变叶木、龙吐珠等一些原产热带的喜温植物。

3）温度对花卉生长发育的影响

植物的生长发育与温度的关系十分密切，其中温度主要指空气温度、土壤温度和叶表温度。花卉生长发育所需要的温度条件与其原产地及品种特性有关。温度对花卉生长发育的影响主要有以下几个方面：

（1）温度影响花卉的休眠与萌发

温度影响花卉的休眠与萌发，包括影响种子、球根和宿根花芽休眠与萌发。任何花卉种子萌发都需要适宜的温度，有的范围宽些，有的窄些；有些花卉种子需要低温处理打破其休眠。通常，秋播花卉要在温室中促成栽培，有些种类需要低温处理种子后方可开花。对球根花卉而言，夏季低温处理（冷藏）可以使郁金香、水仙、百合等一些秋植球根花卉在冬季提前萌动。大丽花、唐菖蒲等春植球根花卉需要较高的温度才能萌发生长。而对宿根花芽来说，每年秋末温度高低影响休眠的早晚，早春温度高低影响萌动早晚，这些都会影响花期。

（2）温度影响花卉生长过程

花卉的营养生长过程包括茎伸长、侧芽萌发、节间伸长、发叶等，这些都需要适宜的温度。温度对花卉生长的影响主要是通过对生理代谢的影响实现的，如温度影响光合、呼吸、蒸腾、物质吸收及转运等。最适温度是花卉生长发育需要的温度。在一定的温度范围内，花卉才能正常生长，这个范围因花卉种类和生长阶段而异，有些花卉及一些生长发育阶段的最适温度范围较窄，而有些花卉及一些生长发育阶段的最适温度范围则相对宽一些。在适宜温度条件下，花卉生长发育最快，温度过高或过低都会影响花卉的生长发育，超出一定温度甚至会导致花卉死亡。需要注意的是，最适温度不是固定不变的，而是随着影响花卉生长发育诸环境因子的相互作用而变化，如随季节转换和地区改变而变化，随多年生花卉的年龄差异及不同的生长发育阶段而变等。花卉生长的最适温度是使花卉健壮生长，有较好的抗性，有利于后期良好开花的温度。

少数花卉要求一定的地温，如紫罗兰、金鱼草、金盏菊的一些品种，以地温15℃最适宜。一般来说，较高的地温有利于根系生长和发育。大多数花卉对气温与地温差要求没有这样严格，在气温高于地温时即可生长。原产于温带的花卉要求一定的昼夜温差，而原产于热带的花卉，如有许多观叶植物，则在昼夜温度一致的条件下生长最好。

（3）温度影响花卉发育过程

温度对花卉发育的影响包括影响花芽分化、花芽伸长、花色及花期。

①花芽分化。花的发生和花芽分化都需要一定的温度，不同原产地的花卉或不同特性的品种，要求的温度不同。一年生花卉、宿根花卉中夏秋开花的种类、球根花卉的大部分种类，在较高的温度下进行花芽分化。春植球根花卉在夏季生长季节进行花芽分化，而秋植球根花卉在夏季休眠期进行花芽分化。还有一些花卉，如中华紫菀、金光菊在高温诱导下成花。相反，有些花卉需要在低温条件下进行花芽分化，如金盏菊、雏菊、小苍兰、石斛属和卡特兰属花卉。原产温带中北部各地的高山花卉，需要在20℃以下的凉爽条件下进行花芽分化。两年生花卉、宿根花卉中早春开花的种类，需要经过一段时间的低温才能成花，这种低温对植物成花的促进作用称为春化作用。这类花卉感受10℃的低温数天后才能成花，如果没有低温条件或低温时间不够，则不能开花。如紫罗兰，一般品种是在叶子8～10枚、10℃以下低温条件下，经过20d左右的春化才能开花。

②花芽伸长。大多数花卉花的发生、花芽分化和花芽伸长最适温度差别不是很大，但是秋植球根类花芽分化最适温度与花芽伸长最适温度常常不一致。如郁金香花芽分化适温为20℃，花芽伸长适温为9℃；风信子花芽分化适温为25～26℃，花芽伸长适温为13℃。

③花色及花期。温度对花色也有影响，有些花卉表现明显，有些不明显。一般花青素系统的色素受温度变化影响较大。如大丽花在温暖地区栽培，即使夏季开花，花色也暗淡，到秋凉气温降低后花色才艳丽。再如寒冷地区栽培的翠菊、菊花等花卉，色彩一般比温暖地区栽培的色彩艳丽。一般情况下，较低的温度有利于已盛开的花卉延长花期。

3.2.2 花卉与光照

1）光照强度对花卉生长发育的影响

自然界中的光照强度是变化的。它依地理位置（纬度、海拔）、地势高低、坡向、雨量和云量、时间而不同。一般变化规律是光照强度随纬度增加而减弱；随海拔升高而增强；一年中夏季最强，冬季最弱；一天中中午最强，早晚最弱。

植物生长发育都需要一定的光照强度，但不同种花卉、同种花卉的不同生长发育阶段对光的需求量不同。花卉之间需光量的差异由花卉原产地的光照特点决定，如热带高原光照强度大，原产于此地的花卉需光量较大，喜阳光充足的环境。热带雨林中由于湿度高，部分光被吸收，光照强度不大，原产于此处的花卉大多比较耐阴，是室内植物的主要来源。

大多园林花卉需光量较大，喜欢阳光充足的环境，在高光照强度下，生长健壮，花大色艳，如郁金香、香豌豆等尤其明显，它们大多原产于温带平原、高原的南坡、高山的阳面岩石旁。但有些花卉需光量少，喜欢微阴或半阴（50%～80%的庇荫度）的光照条件，过强的光照反而不利于生长发育，如蕨类植物、竹芋类、苦苣苔科花卉、铃兰等，这些花卉主要来自热带雨林、林下、阴坡。还有一些花卉喜光但耐半阴或微阴，如萱草、耧斗菜、桔梗、白芨等花卉。

花卉在不同生长发育阶段，对光的需求量也在变化，具体情况因种和品种不同而异。如大多数花卉种子萌发不要求光照或要求量低，但随着幼苗生长，需光量逐渐增大，有些花卉在开花期适当降低光照，可以使花期延长。

（1）光照强度影响一些花卉种子的萌发

在温度、水分、氧气条件适宜的情况下，大多数种子在光下和黑暗中都能萌发，因此播种后覆土厚度主要由种子粒径决定，起到保温保湿作用。但有些花卉种子还需要一定的光照刺激才能萌发，称喜光种子，如毛地黄，其种子埋在土壤里则不能萌发，非洲凤仙等也属于这类种子。有的花卉种子在光照下萌发受抑制，在黑暗中易萌发，称嫌光种子，如黑种草。光对种子萌发的影响是通过影响其体内的光敏素实现的。

（2）光照强度影响花卉的形态建成和营养生长

花卉在暗处生长，幼苗形态不正常，表现出黄化现象：茎叶淡黄，缺乏叶绿素，柔软，节间长，含水量高，茎尖弯曲，叶片小而不开展，只要每天照4～10min的弱光，此现象即可消失。这种由低能量光所调节的植物生长发育过程叫光形态建成。光在其中起信号作用，与光合作用中的角色有本质的区别。光受体接收信号后发生变化，进而影响生理过程，实现信号传导。

花卉在不适宜个体生长发育的光照条件下，生长发育不正常。光线过弱，不能满足其光合作用的需要，营养器官发育不良，瘦弱，徒长，易感病虫害，开花不良，严重时不能转向生殖生长；光线过强，生长发育受抑制，产生灼伤，严重时造成死亡。光照强度对花卉营养生长的影响主要是通过影响光合和蒸腾等生理过程实现的。

（3）光照强度影响花卉的花蕾开放

光照强度对花卉花蕾开放的影响因种而异。一般花卉都在光照下开放，但光线不一定是阳光，一般在150～300W电灯光下也能正常开花。有些花要在强光下开放，如半支莲、郁金香、酢浆草；有些花傍晚开放，如月见草、紫茉莉、晚香玉；有的花晨曦开放，如亚麻、牵牛。

（4）光照强度影响花色

以花青素为主要色素的花卉，在光照充足的条件下，花色艳丽。我们注意到高山花卉较低海拔花卉色彩艳丽，同一种花卉，在室外栽植较室内栽植开花色彩艳丽。这是因为光照对花青素形成有重要影响（另一外界因素是温度）。花青素在强光、直射光下易形成，而弱光、散射光下不易形成。

2）光照长度对花卉生长发育的影响

光照长度是指一天中日出到日落的时数。有些花卉的某些生长发育过程要求光照长度短于12h的短日照条件，而有些花卉的某些生长发育过程要求光照长度长于12h的长日照条件。光照长度可影响花卉休眠、球根形成、节间长短、叶片发育、成花、花青素形成等过程。

光照长度影响一些花卉的营养繁殖，如在长日照条件下，落地生根属植物叶缘上易产生小植株，虎耳草叶腋易抽生出匍匐茎；而一些球根花卉的块根、块茎，如大丽花、球根秋海棠的，易在短日照条件下形成。

光照长度对花卉的花芽分化和开花具有显著影响，根据对光照长度的要求不同，可把花卉分为以下三类：

（1）长日照花卉

这类植物要求较长时间的光照才能成花，否则（在较短的日照下）便不能开花或延迟开花。由营养生长期进入生殖生长期，一般要求每天有14～16h的日照，如唐菖蒲、百合、金鱼草、虞美人、紫罗兰等二年生花卉。

（2）短日照花卉

这类植物要求较短的光照就能成花。短日照花卉每天需要12h以内的日照，经过一段时间后，就能现蕾开花。如果日照时间过长，就不会现蕾开花，如一串红、一品红、菊花、八仙花、蟹爪兰等。如果在发育期每天只有8～12h的日照时数，它们就能加快发育，提前开花；反之，当日照时数超过12h，就会推迟开花。短日照花卉往往原产热带和亚热带。

（3）日中性花卉

这类花卉对日照时间的长短不敏感，只要温度适合就可以开花，如月季。

3）光质对花卉生长发育的影响

光质对花卉生长发育的影响不像光照强度与光照长度那么明显，但不同波长的光也影响其生长发育。太阳光由可见光、紫外线、红外线三大部分组成。叶绿素因其反射绿光，吸收的绿光极少，而吸收的红、橙、蓝、紫光较多。可针对花卉在不同生长发育期对可见光的不同要求人工调节光质。比如，花卉幼苗期不喜蓝光太多，便可用浅蓝色乙烯塑料薄膜覆盖育苗，育出的苗比用无色塑料薄膜覆盖育出的苗健壮得多；兰花则喜蓝光，如兰花生长在蓝光比自然光多两倍的环境，则三个月的生长量比自然条件下多50%～70%。紫外线是紫光以外的不可见光，能促进种子发芽、花朵着色、果实成熟。由于紫外线不能透过玻璃，因此室内养花紫外线缺乏，花色不艳。室内花卉的徒长则是红外线透过玻璃较多造成的，红外线是红光以外的不可见光，能促进花茎生长。红外线也是一种“热”光，能提高地温和气温，提供花卉所需要的热量。

3.2.3 花卉与水分

1）各类花卉对水分的要求

花卉种类不同，其需水量也存在极大的差异，通常依花卉与水分的关系将花卉分为以下几类：

（1）旱生花卉

这类花卉耐旱性强，能忍受空气和土壤的较长期干燥而继续生存。它们在外部形态和内部构造上都产生许多变化和特征，如叶片变小或退化成刺，表皮层、角质层气孔下陷，以减少水分蒸腾，同时该类花卉根系都比较发达。栽培此类花卉在生产上要少浇水，遵守“宁干勿湿”的原则，否则极易引起根部腐烂而导致死亡，如仙人掌类、芦荟、虎刺梅、昙花等。

（2）湿生花卉

该类花卉耐旱性弱，生长期要求经常有大量的水分存在。这类花卉的茎叶有通气组织，能够吸收氧气供给根系需要，栽培这类花卉应掌握“宁湿勿干”的浇水原则，如荷花、睡莲等水生植物，旱伞草、马蹄莲、热带兰类、蕨类和凤梨科植物等。

（3）中生花卉

该类花卉介于以上二者之间，大多数栽培花卉都属于此类，此类花卉需水量也不一致，有的中性偏旱，有的中性耐湿。一般情况下，凡根系分枝力强，并能深入地下的种类，其抗旱能力较强，如大多数宿根花卉。一二年生草花与球根花卉根系不及宿根花卉强大，耐旱力亦较弱。

2）同一种花卉在不同生长时期对水分的要求

同一种花卉在不同生长时期对水分的需要量亦不同。种子发芽时，需要较多的水分，以便透入种皮，有利于胚根的抽出，并供给种胚必要的水分。种子萌发后，在幼苗时期因根系弱小，在土壤中分布较浅，抗旱力极弱，必须经常保持湿润。成长时期虽抗旱能力较强，但若要生长旺盛，也需给予适当的水分。成长时期的花卉，一般都要求湿润的空气，但空气湿度过大时，植株易徒长。开花结实时，要求空气湿度小，不然会影响开花和花粉自花药中散出，使授粉作用减弱。在种子成熟时，更要求空气干燥。

水分对花芽分化及花色的影响：控制花卉的水分供给，以控制营养生长，促进花芽分化，在花卉栽培中应用很普遍。广州的盆栽年橘就是在7月份控制水分，使花芽分化，开花结果而获得的。球根花卉中，凡球根含水量少的，则花芽分化也早；早掘的球根或含水量高的球根，花芽分化延迟。

3.2.4 花卉与土壤

土壤是花卉生长的物质基础，是花卉生长的载体，为花卉生长提供必需的矿质营养。不同种类土壤的理化性状的差异，将导致花卉不同的生长发育表现。土壤对花卉生长发育的影响，主要表现在土壤性状、土壤酸碱度及土壤盐分上。

1）土壤性状与花卉的关系

土壤性状不同，肥力差异很大，对其管理利用和改良应各具特点。一般把土壤性状分成三类：砂土、黏土、壤土。砂土粒间孔隙大，透气性好；但有机质含量少，保水保肥力差，土温变幅大。这类土壤适宜作扦插基质或种植耐旱的花卉种类和品种，如仙人球、芦荟等。砂土与其他质地土壤混合，能改善团粒结构。黏土含矿物质丰富，保水保肥力强，土壤透气性差，质地坚硬。早春土温上升慢，有机物分解慢，绝大多数花卉在这类土壤中生长不良，少数深根性多年生花卉能适应此类土壤。此类土壤适合种植多年生深根性花卉，或加砂土进行改良。壤土所含砂粒与黏粒比例适当，通透性和耕性良好，保水保肥力强，而且有机质含量丰富，是多种花卉栽培生产的理想土壤。实际上，土壤往往不是以上述三种单纯成分独立存在的，而是相互以不同比例混合，各有所侧重。有些偏黏性，为黏质壤土，适宜宿根类花卉及根系较深的花卉栽培；有些偏砂性，适宜一二年生和球根类花卉栽培。

2）土壤酸碱度与花卉的关系

土壤酸碱度用pH值表示，土壤酸碱度与花卉的生长发育有密切的关系。一般把土壤分为五级：pH为5.0表示强酸性，pH为5.0～6.5表示酸性，pH为6.5～7.5表示中性，pH为7.5～8.5表示碱性，pH为8.5表示强碱性。一方面，土壤的酸碱度可以影响矿物质的分化速度，如在石灰性土壤或碱性土中，铁呈不可给状态，造成植物缺铁；另一方面，土壤的酸碱度可左右微生物的活动，影响有机物的分解。中性或微碱、微酸的土壤环境适宜大多数花卉的生长。在这个范围内，有益土壤的微生物活动较强，使植物所需营养元素大都呈有效状态。另外，土壤的酸碱度不同可使花呈现不同颜色，有较多研究证明，八仙花的蓝色在pH值低时呈现，粉色在pH高时呈现。

酸碱度不合适，会严重阻碍花卉的生长发育，影响养分的吸收，引发一些病害。在实际生产中，可以人为调整土壤的酸碱度。酸性过高时，可在盆土中适当掺入一些石灰粉或草木灰；降低碱性可加入适量的硫黄、硫酸铝、硫酸亚铁、腐殖质肥等。对少量培养土可以增加其中腐叶或泥炭的混合比例。例如，为满足喜酸性土壤花卉的需要，盆花可浇灌1：50的硫酸铝（白矾）水溶液或1：200的硫酸亚铁水溶液。施用硫黄粉见效慢，但持久；施用硫酸铝需补充磷肥；施用硫酸亚铁见效快，但作用时间短，需每隔7～10d施一次。

3）土壤盐分与花卉的关系

土壤盐分在露地栽培条件下一般不会成为影响花卉生长的限制因子，但目前保护地越来越多，保护地的土壤全被覆盖，得不到大量降雨的淋溶，而保护地内全年温度偏高，蒸发量大，盐分随水分蒸发被带到地表，同时施入的肥料也残留于地表，因此保护地土壤盐分往往很高，可达10000mg/L以上，而露地则最高只有3000mg/L。适宜花卉生长的盐分浓度一般在2000mg/L，超过4000mg/L就会抑制生长。在新建的大棚、温室中花卉一般开始生长较露地好，但时间越长，盐分积累越多，逐渐限制了花卉的生长因子。土壤的含盐量可通过测定其电导率（EC值）来确定，通常EC值超过2即会影响生长。土壤盐分可通过合理适量施肥、完善排灌设施、淋洗和换表土的方法减少。

4）土壤肥力与花卉的关系

花卉在土壤中生长究竟靠的是什么力量呢？对此，土壤科学工作者提出了土壤肥力的概念，认为在植物生活期间，土壤具有供应和调节植物的生长所需要的水分、养分、空气、热量和其他生活条件的能力，即土壤肥力。土壤水分、养分、空气、热量等肥力因素是相互联系而又相互制约的，且不能相互替代。

土壤肥力是由自然因素和人们对土壤的管理改良而决定的。人们通常以有机质含量的多少来判断肥力的高低。土壤有机质的作用是多方面的，一是提供花卉生长所需要的养分，土壤有机质不断矿化分解成简单的无机盐分，供花卉吸收利用；二是土壤有机质在矿化过程中能产生多种有机酸，又有助于矿物岩石的风化，有利于某些营养物质的释放与有效化。此外，丰富的土壤有机质加强了土壤微生物的活性，促进了土壤养分的转化，因此有机质含量高的土壤肥力平衡持久，保肥性能强，蓄水透气性也强。

提高和维持土壤有机质含量的措施，一是增施有机肥，如粪肥、厩肥、堆肥、饼肥等；二是调节土壤有机质的转化条件，如土壤有机体的碳氮比（C/N），土壤水、热条件和pH值等。

5）土壤耕作与花卉的关系

种植花卉的土壤是经人类生产活动改造的农业土壤，是花卉生产最基本的物质基础。在合理的利用和改良条件下，土壤的肥力得到不断提高，适应花卉生长和发育的需要。土壤中含有花卉所需的有效肥力和未转化的潜在肥力，通过适宜的耕作措施，可以使潜在肥力转化成有效肥力，使土壤熟化。生产中常见的措施有精耕细作、冬耕晒垡、排涝疏干、合理施肥等。耕作措施使土壤疏松深厚，增加透气性，改善土壤结构，使有机质含量提高，保肥、保水能力提高，微生物活动旺盛，从而促进花卉的生长发育。为了改造土壤耕作层的构造、提高土壤肥力，还应与灌溉、施肥制度相配合，并根据当地气候、地形特点、生产技术等因素综合考虑，采取适宜的耕作措施，为花卉的生长发育创造良好的土壤环境。

6）栽培基质与花卉的关系

（1）基质的分类

无土栽培用的固体基质有许多种，包括岩棉、蛭石、珍珠岩、沙、砾石、草炭、稻壳、椰糠、锯末、菌渣等，这些基质加入营养液后，能像土壤一样给植物提供氧气、水、养分和对植株的支持，同时能够弥补纯水培的一些不足之处，如通气不良，不能调节供给根系的水分条件等。因此，固体基质是无土栽培中极重要的一个部分。

①按基质的来源分类，可以分为天然基质和人工合成基质两类，如沙、石砾等为天然基质；而岩棉、泡沫塑料、多孔陶粒等则为人工合成基质。

②按基质的组成分类，可以分为无机基质、有机基质和化学合成基质三类。

③按基质的性质分类，可以分为活性基质和惰性基质两类。

（2）基质的选用原则

基质是无土栽培重要的栽培组成材料，因此，基质的选择便是一个非常关键的因素，要求基质不但具有像土壤那样能为植物根系提供良好的营养条件和环境条件的功能，而且还可以为改善和提高管理措施提供更方便的条件。环境污染问题越来越被人们所重视，所以在基质的选用过程中，那些不可回收的、属于资源性物质的基质原料要合理使用，尽量不用，用一些可再生的和可回收利用的基质代替。这是世界发展的大趋势，对人类的发展有很大的促进作用。因此，基质应根据具体情况予以精心选择。基质的选用原则可以从以下三个方面考虑：

①根系的适应性

无土基质的优点之一是可以创造植物根系生长所需要的最佳环境条件，即最佳的水汽比例。气生根、肉质根需要很好的通气性，同时需要保持根系周围的湿度达80%以上，甚至100%；粗壮根系要求湿度达80%以上，通气较好；纤细根系，如杜鹃花根系要求根系环境湿度达80%以上，甚至100%，同时要求通气良好。在空气湿度大的地区，一些透气性良好的基质如松针、锯末非常合适，而在大气干燥的北方地区，这种基质的透气性过大，根系容易风干。北方水质碱性，要求基质具有一定的氢离子浓度调节能力，选用泥炭混合基质的效果就比较好。

②基质的适用性

基质的适用性是指选用的基质是否适合所要种植的作物。一般来说，基质的容重在0.5左右，总孔隙度在60%左右，大小孔隙比在0.5左右，化学稳定性强（不易分解出影响物质），酸碱度接近中性，没有有毒物质存在时，都是适用的。当有些基质的某些性状有碍作物栽培时，如果采取经济有效的措施能够消除或者改良该性状，则这些基质也是适用的。例如，新鲜甘蔗渣的C/N很高，在种植作物过程中会发生微生物对氮的强烈固定而妨碍作物的生长，但经过采用比较简易而有效的堆沤方法，就可使其C/N降低而成为很好的基质。

有时基质的某种性状在一种情况下是适用的，而在另一种情况下就变得不适用了，例如，颗粒较细的泥炭对育苗是适用的，在袋培滴灌时则因其太细而视为不适用。栽培设施条件不同，可选用不同的基质。槽栽或钵盆栽可用蛭石、沙子作基质；袋栽或柱状栽培可用锯末或泥炭加沙子的混合基质；滴灌栽培时岩棉是较理想的基质。

世界各国在无土栽培生产中对基质的选择均立足本国实际，例如，日本以水培为主，南非以蛭石栽培居多，加拿大采用锯末栽培，西欧各国岩棉栽培发展迅速。我国可供选用的基质种类较多，各地应根据自己的实际情况选择适当的基质材料。判断基质是否适用，还应该有针对性地进行栽培试验，这样可提高选择的准确性。

③基质的经济性

除了考虑基质的适用性以外，选用基质时还要考虑其经济性，有些基质虽对植物生长有良好的作用，但来源不易或价格太高，因而不宜使用。现已证明，岩棉、泥炭、椰糠是较好的基质，但我国的农用岩棉仍需依靠进口，这无疑会增加生产成本。泥炭在我国南方的贮量远较北方少，而且价格也比较高，但南方作物的茎秆、稻壳、椰糠等植物性材料很丰富，如用这些材料作基质，则不愁来源，而且价格便宜。因此，选用基质既要考虑对促进作物生长有良好效果，又要考虑基质来源容易、价格低廉、经济效益高、不污染环境、使用方便（包括混合难易和消毒难易等）、可利用时间长以及外观整洁美观等因素。

（3）基质栽培的优越性

有机生态型无土栽培是指用基质代替土壤，用有机固态肥取代营养液，并用清水直接灌溉作物的一种无土栽培技术，因而有机生态型无土栽培仍具有一般无土栽培的特点。无土栽培和传统土壤栽培相比，在节水、省肥、增产、增效、抗病虫、提高土地利用率、省工省力等方面优势明显。例如能提高作物的产量和品质，减少农药用量，产品洁净卫生，节水、节肥、省工，可利用非耕地生产蔬菜等。此外，它还具有如下特点：

①用有机固态肥取代传统的营养液；

②操作管理简单；

③大幅度降低设施一次性投资成本，大量节省生产费用；

④对环境无污染；

⑤产品质量可达“绿色食品”标准。

3.2.5 花卉与营养元素

维持植物正常生活所必需的大量元素，通常认为有10种，其中构成有机物的元素有4种，即碳、氢、氧、氮；形成灰分的矿物质元素有6种，即磷、钾、硫、钙、镁、铁。在植物生活中，氧、氢两元素可自水中大量取得，碳元素可取自空气中，矿物质元素均从土壤中吸收。氮元素不是矿物质元素，天然存在于土壤中的数量通常不足以满足植物生长所需。

除上述大量元素外，尚有为植物生活所必需的微量元素，如硼、锰、锌、铜、钼等，在植物体内含量甚少，占植物体重的0.0001%~0.001%。此外还有多种超微量元素，亦为植物生活所需要。近来试验证明，如镭、钍、铀及锕等天然放射性元素，也是植物所必需，有促进植物生长的作用。在植物栽培中，除大量元素以不同形态作为肥料供给植物需要外，各种微量元素也已开始应用于栽培中。花卉需要的主要元素及其对花卉生长的作用如下：

（1）氮

氮肥能促进植物的营养生长，增加叶绿素的产出，使花朵增大、种子丰富。但其用量如果超过花卉的生长需要就会延迟开花，使茎徒长，并降低对病害的抵抗力。一年生花卉在幼苗时期对氮肥的需要量较少，随着花卉生长，需要量逐渐增多。二年生和宿根花卉在春季生长初期即要求大量的氮肥，应满足其要求。

（2）磷

磷肥能促进种子发芽，使植物提早开花结实，这一作用正好与氮肥相反。磷肥还能使茎发育坚韧，不易倒伏；能增强根系的发育；能调整氮肥过多时产生的缺点；增强植株对于不良环境及病虫害的抵抗力。因此，花卉在幼苗营养生长阶段需要有适量的磷肥，进入开花期以后，磷肥需要量更多。

（3）钾

钾肥能使花卉生长强健，增进茎的坚韧性，使之不易倒伏，促进叶绿素的形成和光合作用的进行，因此在冬季温室中，当光线不足时施用钾肥有补救效果。钾能促进根系的扩大，对球根花卉如大丽花的发育有极好的作用。钾肥还可使花色鲜艳，提高花卉的抗寒抗旱及抵抗病虫害的能力。但过量的钾肥使植株生长低矮，节间缩短，叶子变黄，继而变成褐色而皱缩，以致在短时间内枯萎。

（4）钙

钙用于细胞壁、原生质及蛋白质的形成，促进根的发育。钙肥可以降低土壤酸度，在我国南方酸性土地区亦为重要肥料之一；还可以改进土壤的物理性质，如黏重土施用石灰后可以变得疏松，砂质土施用钙肥后可以变得紧密。钙可以被植物直接吸收，使植物组织坚固。

（5）硫

硫为蛋白质成分之一，能促进根系的生长，并与叶绿素的形成有关。硫可以促进土壤中微生物的活动，如豆科根瘤菌的增殖，可以增加土壤中氮的含量。

（6）铁

铁在叶绿素的形成过程中有重要作用，当铁缺少时，叶绿素不能形成，因而碳水化合物不能制造。在通常情况下不会发生缺铁现象，但在石灰质土或碱土中，由于铁易转变为不可给态，虽土壤中有大量铁元素，但仍会发生缺铁现象。

（7）镁

在叶绿素的形成过程中，镁是不可缺少的。镁能促进植物对磷的吸收和利用，因此植物对镁的需要量虽少，但镁对植物生长有重要的作用。足够的镁供应可以促进叶绿素的合成，增强植物的光合作用能力，从而提高植物的生长速度和产量。植物缺镁则体内代谢作用受阻，对幼嫩组织的发育和种子的成熟影响尤大。

（8）硼

硼能改善氧的供应，促进根系的发育和豆科根瘤的形成，还有促进开花结实的作用。油菜、棉花、大豆、甜菜、苹果和柑橘施用硼能显著增加产量和改善品质。

（9）锰

锰对叶绿素的形成和糖类的积累转运有重要作用，对种子发芽和幼苗的生长以及结实均有良好影响，同时能提高植物对磷元素和钙元素的利用率。

3.2.6 花卉与气体

空气中各种气体对花卉生长有不同的作用，在栽培过程中所遇到的气体问题一般能用栽培技术解决。但在工矿绿化地区应选择适宜的花卉，因为有害气体会严重影响花卉的生长，甚至使之不能正常成活。

（1）氧气

植物呼吸需要氧气，空气中氧含量约为21%，足够植物的需要。在一般栽培条件下，出现氧气不足的情况较少，只在土壤过于紧实或表土板结时才会发生。当土壤紧实或表土板结层形成时，会影响气体交换，致使二氧化碳大量聚集在土壤板结层之下，使氧气不足，根群呼吸困难，种子由于氧气不足，会停止发芽甚至死亡。松土可使土壤保持团粒结构，氧气可以透过土层达于根系，以供根系呼吸，也可使土壤中二氧化碳同时散发到空气中。

（2）二氧化碳

空气中二氧化碳虽然含量很少，仅有0.03%左右（约300mL/m^3），但是对植物生长影响很大，是植物光合作用的重要物质之一。增加空气中二氧化碳的含量，就会增大光合作用的强度，从而可以增加产量。多数试验证明，当空气中二氧化碳的含量比一般含量高出10～20倍时，光合作用能有效地增强，但当含量增加到2%～5%时就抑制光合作用的过程。早在1939年就已成功地在温室中施用干冰（固体二氧化碳）提高二氧化碳的含量。

（3）二氧化硫

二氧化硫主要是由工厂的燃料燃烧而产生的有害气体。当空气中二氧化硫含量增至0.001%（10mL/m^3）时，花卉便会受害，浓度愈高，危害愈严重。二氧化硫从气孔及水孔浸入叶部组织，破坏细胞叶绿体，使组织脱水并坏死，表现症状即在叶脉间出现许多褪色斑点，受害严重时，叶脉变为黄褐色或白色。各种花卉对二氧化硫的敏感程度不同，常发生不同的症状，有资料显示，对二氧化硫抗性强的花卉有金鱼草、蜀葵、美人蕉、金盏花、百日草、晚香玉、鸡冠花、大丽花、唐菖蒲、玉簪、酢浆草、凤仙花、扫帚草、石竹、菊花等。

（4）氨

在保护地中大量施用有机肥或无机肥常会产生氨，氨含量过多，对花卉生长不利。当空气中氨含量达到0.1%～0.6%时就可发生叶缘烧伤现象；含量达到0.7%时，质壁分离现象减弱；若含量达到4%，经过24h，植株即中毒死亡。施用尿素后也会产生氨，最好在施后盖土或浇水，以避免发生氨害。

（5）氟化氢

氟化氢是氟化物中毒性最强、排放量最大的一种，主要来源于炼铝厂、磷肥厂及搪瓷厂等厂矿地区。它首先危害植株的幼芽和幼叶，先使叶尖和叶缘出现淡褐色至暗褐色的病斑，然后向内扩散，最后出现萎蔫现象。氟化氢还能导致植株矮化、早期落叶、落花及不结实。抗氟化氢的花卉有棕榈、大丽花、一品红、天竺葵、万寿菊、倒挂金钟、山茶、秋海棠等；抗性弱的有郁金香、唐菖蒲、万年青、杜鹃等。

（6）其他有害气体

其他有害气体如乙烯、乙炔、丙烯、硫化氢、氯化氢、氧化硫、一氧化碳、氯、氰化氢等，它们多从工厂烟囱中散出，对植物有严重的危害。

课后习题

1．根据对温度的不同要求可将花卉分为哪几类？举出一些常见花卉的例子。

2．简述草本花卉从播种到开花结果的不同生长发育阶段对温度的不同要求。

3．花芽分化是什么？有哪些因素影响花芽分化？结合案例，分析如何通过调节这些因子促进园林花卉的良好生长。

4．举例说明哪些花卉为喜阳花卉，哪些为喜阴花卉，哪些为长日照花卉，哪些为短日照花卉。并讨论它们在城市园林设计中的应用，以及如何通过合理的种植促进绿色生活和生态平衡。

5．了解花卉生长发育过程及影响其环境因子与园林花卉的应用之间的关系。

6．影响花卉生长发育的主要生态因子有哪些？

7．温度是怎样影响花卉生长发育的？并从科技现代化角度探讨现代园艺技术在温度控制方面的应用。

8．如何理解花卉生长发育的最适温度？

9．光强与光质是怎样影响花卉生长发育的？

10．水分是怎样影响花卉生长发育的？

11．养分是怎样影响花卉生长发育的？

12．花卉生长发育的必需元素有哪些？它们对花卉生长发育有什么主要作用？

13．土壤的哪些性质影响花卉生长发育？

14．根际与花卉有什么关系？

15．常用的栽培基质有哪些？

16．大气成分是怎样影响花卉生长发育的？

17．大气中影响花卉的有害气体主要有哪些？

4

花卉繁殖

[知识要领]

· 掌握花卉有性繁殖、营养繁殖、孢子繁殖的方法与实际操作技能，理解组织培养的概念与生产过程。

[思政要点]

· 本章的学习，首先让学生了解花卉繁殖方法是根据花卉自身特性而定的，从而引导学生学会具体问题具体分析；其次通过各类繁殖方法实践，培养学生严谨的科研态度；最后通过展示花卉繁殖技术中还未突破的难点，并结合实验，激发学生探索科学的热情，在培养学生动手能力的同时，培养其耐心、细心，勇于创新、勇于尝试，责任心和环保意识等品质。

[知识结构图]

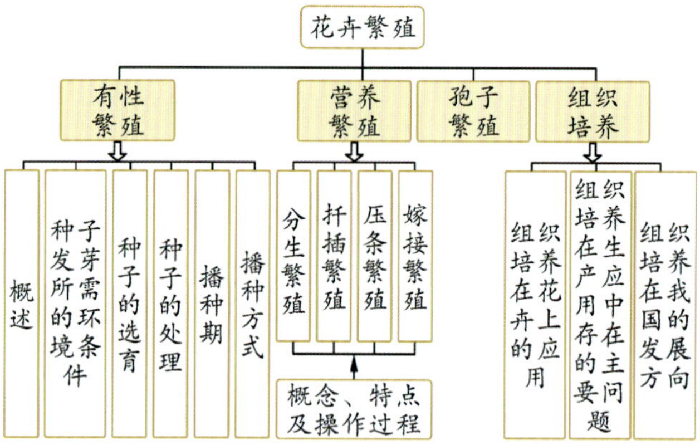

花卉繁殖是指采用各种方式增加花卉植物体的个体数量，延续其种族并且扩大花卉群体的过程和方法。花卉繁殖技术是花卉生产中不可缺少的重要环节，是保存种质资源的重要手段，为花卉选种、育种提供必要条件。花卉种类繁多，不同类型的花卉繁殖的方法与繁殖时间不尽相同，甚至不同品种的花卉也有不同的繁殖方法。园林花卉常见的繁殖方法包括有性繁殖、营养繁殖、孢子繁殖与组织培养。

4.1 有性繁殖

4.1.1 概述

有性繁殖（Sexual Propagation）又称为种子繁殖（Seed Propagation）、实生繁殖（Seedling Propagation），是种子植物经过减数分裂形成的精、卵细胞结合后产生的受精卵发育成种子，种子再生长发育形成新个体的过程。种子培育所获得的幼苗称为实生苗或播种苗。有性繁殖是植物最主要的繁殖方式，在盆花与切花繁殖的栽培实践中，绝大多数的一二年生草本花卉，部分的多年生草本花卉、宿根花卉和木本花卉都靠种子进行有性繁殖。

种子繁殖包括留种母株的选择与培育、种子的采收与处理、种子的贮藏与运输、播种以及播种后的管理等一系列过程。种子具有体积小、重量轻、产苗量大、便于长期贮藏和运输、繁殖方法简便等特点。种子繁殖得到的园林花卉生长健壮，根系发达，生长旺盛，抗逆性强。但是，采用种子繁殖时，从幼苗到植株开花需要的时间较长，且通过种子繁殖的后代因种子内胚的发育经过父、母本基因的重组，新形成的植株容易出现变异，不易保持原品种的优良特性。另外，利用种子繁殖的木本和多年生草本花卉实生苗童期长，开花结实晚，且有些重瓣花卉不能结出发育正常的种子，因此有些花卉不采用有性繁殖。

4.1.2 种子发芽所需的环境条件

1）水分

干燥的种子含水量很低，通常不到10%，种子内部细胞呈凝胶状态，生理代谢活动很微弱，很多重要的生命活动都无法进行。因此，种子要萌发，恢复生命活动现象，就必须吸收足够的水分，使种子内部的蛋白质及淀粉等储藏物分解、转化，并将这些营养物质输送到胚，才能使胚开始生长。种子的吸水能力随种子的构造不同差异较大，如文殊兰的种子，胚乳本身含有较多的水分，在播种时吸水量就少。一些花卉种子较干燥，外皮坚硬，吸水较困难，通常在播种前用机械的方法或用浓硫酸处理，如美人蕉、牡丹、香豌豆等。另外，有些花卉种皮带有绵毛，如千日红、白头翁等，应在播种前去除绵毛或直接播种在蛭石里，促进吸水，以利萌发。

2）温度

种子发芽需要一定的温度，因为种子内部营养物质的分解与转化过程都需要一定的温度。每一种花卉植物的种子都有其生长发育的适宜温度，这是该物种在进化演变过程中形成的一种生理要求。温度过低或过高，都会对种子造成伤害，甚至使其腐烂死亡。大部分种子萌发的适温是15～22℃。播种时，土壤温度最好保持相对的稳定，变化幅度不宜太大，但一些仙人掌类植物适宜用大温差育苗。一般来说花卉种子萌发的适宜温度比其生育温度高3～5℃。原产温带的一二年生花卉的多数种类的萌芽适温为20～25℃，适于春播；也有一些种类的萌芽适温为15～20℃，如金鱼草、三色堇等，适于秋播；萌芽适温较高的可达25～30℃，如鸡冠花、半支莲等。通常原产热带的花卉种实萌发需高温，如原产美洲热带地区的王莲在30～35℃水池中，经10～21d萌芽。

3）氧气

氧气是花卉种子萌发的必要条件。种子是有生命的有机体，一直在进行微弱的呼吸，当它们遇到水分后，内部贮存的营养物质开始氧化，放出二氧化碳。种子萌发时，如果土壤中含水量达到或接近饱和状态，氧气缺乏，正常的呼吸作用就会受到影响，除水生植物外大部分种子就会因酒精发酵毒害而丧失发芽力。

4）光照

多数花卉种子的发芽不受光照的影响。好光性种子在发芽期间必须具备一定的光照条件才能萌发，如虞美人、报春花、毛地黄等。嫌光性种子在光照下不能萌发，发芽前可覆上黑色薄膜，如观赏西红柿、福禄考、三色堇等。

4.1.3 种子的选育

种子的品质直接影响种子生产、销售的信誉及花卉生产者的利益，因此播种前应对种子进行严格的选择。优良品种的种子应符合该品种的特性，性状整齐，不混有其他作物、杂草种子及杂质，有高发芽力，不带病虫，有安全贮藏的低含水量。要取得良种，凡引进花种都要进行种子质量检验及来源鉴定。繁殖良种要从选择良种母株开始，采种母株的基本要求是品种纯正、发育优良、生长健壮、无病虫害。另外，采种母株要及早确定，加强肥水管理，促进植株健壮，必要时疏花疏果。

4.1.4 种子的处理

种子经处理可以早发芽，出苗整齐。由于各种花卉植物种子的大小、种皮的厚薄、本身的性状不同，应采用不同的处理方法区别对待。

1）容易发芽种子的处理

万寿菊、羽叶茑萝、仙客来及一些仙人掌类种子都很容易发芽，可直接进行播种，也可用冷水、温水处理。冷水浸种（0～30℃）12～24h或温水浸种（30～40℃）6～12h，可缩短种子膨胀时间，加快出苗速度。

2）发芽困难种子的处理

一般大粒的种子发芽困难，如松子、美人蕉、鹤望兰、荷花等，它们的种皮较厚且坚硬，吸水困难，难发芽，对这些种子可在浸种前用刀刻伤种皮或磨破种皮，如用锉刀磨破部分种皮，然后用温水浸种，播后能很快发芽。大量处理种子时可用稀硫酸浸泡，要掌握好浸泡时间，种皮一旦变软，立即用清水将种皮外的硫酸冲洗干净，防止硫酸烧伤种胚。芍药、牡丹、鸢尾等花卉种子采后即播不易出苗，可在秋后以湿沙堆藏。另外使用化学药剂处理能代替低温作用，改善种皮透性，促其发芽等。如大牵牛花的种子，播种前用10～25mg/L赤霉素溶液浸种，可促其发芽；结缕草种子用0.5％氢氧化钠溶液处理可显著提高发芽率；兰科中的地生兰种子在无菌播种时，用0.6％氢氧化钾溶液预处理5～10min，能显著提高种子萌芽率。

3）发芽迟缓种子的处理

有些花卉种子如珊瑚豆、文竹、君子兰、金银花等，出苗非常缓慢，在播种前应进行催芽。催芽前先用温水浸种，待种子膨胀后，平摊在纱布上，然后盖上湿纱布，放入恒温箱内，保持25～30℃，每天用温水连同纱布冲洗1次，待种子萌动后立即播种。

4）需打破休眠种子的处理

有些花卉的种子即使在成熟时给予适宜的水分、温度、氧气等条件，也不能正常发芽，这种现象叫作种子休眠。这些种子必须在低温下度过春化阶段才能发芽开花，如桃、杏、荷花、月季、杜鹃、白玉兰等。对休眠的种子可采用低温层积法处理，把花卉种子分层埋入湿润的沙里，然后放在0～7℃环境下，层积时间因种类而异，一般在3个月左右。如杜鹃、榆叶梅需30～40d；海棠需50～60d；桃、李、梅等需70～90d；蜡梅、白玉兰需3个月以上。种子经层积处理后即可取出，筛去沙土，或直接播种，或催芽后再播。在播种前应做发芽试验，将百粒种子浸种后放在几层湿纱布上，保持湿度，在20～25℃条件下观察发芽率。为了防止花卉幼苗染病，常在播种前对种子进行消毒，用1％的福尔马林浸种15min，或用1％硫酸铜浸种30min，也可用0.5kg福美双加20g农药处理，处理后用清水冲洗干净再播种。

4.1.5 播种期

何时播种应根据各种花卉的生长发育特性、计划供花时间以及当地环境条件，并结合对环境条件的控制程度灵活掌握。适时播种能节约管理费，且出苗整齐，能培育出优质壮苗，满足花卉应用的需要。在自然条件下各类花卉的播种期并不一样。

1）一年生花卉

一年生花卉原则上在春季气温开始回升，平均气温稳定在花卉种子发芽的最低温度以上时播种，若延迟到发芽最适温度时播种则发芽较快而整齐。在生长期短的北方或需提早供花时，可在温室、温床或大棚内提前播种。

2）二年生花卉

二年生花卉原则上秋季播种，其种子易在较低温度下发芽，温度过高反而不易发芽。一般在气温降至30℃以下时争取早播，华东地区可选择在9月下旬至10月上旬进行播种。

3）多年生花卉

耐寒性宿根花卉因耐寒力较强，春播夏播或秋播均可，尤其在种子成熟后即播为佳。一些要求在低温与湿润条件下完成休眠的种子，如芍药、鸢尾、飞燕草等必须秋播。不耐寒常绿宿根花卉宜春播或种子成熟后即播。原产温带的落叶木本花卉如牡丹、苹果、杏、蔷薇等的种子有休眠特性，一些地区可在秋末露地播种；在冬季低温、湿润条件下发生层积作用，休眠被打破，次年春季即可发芽；也可人工破除休眠后春季播种。

原产热带或亚热带的花卉种子成熟时，外界的高温高湿条件均适于种子发芽与幼苗生长，故种子多无休眠期，经干燥或储藏会使发芽力丧失，这类种子采后应立即播种。

4.1.6 播种方式

花卉的播种育苗，应根据花卉品种特性、栽培设施和生产要求而采用不同方式。

1）播种方法

①撒播。撒播是把种子均匀撒在播种床上，此法适用于小粒种子。种子过于细小时，可将种子与适量细沙混合后播种。撒播播量大，出苗多，省工省地，但用种量大，管理较为困难。

②点播。点播是按一定的株行距挖穴播种，适用于大粒种子和较稀少的种子，如银杏、松类、珍稀的仙人掌类种子等。点播费工费时，但出苗健壮，管理方便。

③条播。条播即按一定行距开沟播种，适用于中、小粒种子，行距与播幅视情况而定。条播用种量较少，管理方便，木本苗木大多采用此法播种。

2）播种程序

①播种。根据种子大小及具体情况采用适宜的播种方法。

②覆土。播后应及时覆土，覆土厚度为种子直径的2～4倍。一些极细小的种子如秋海棠类、大岩桐、部分仙人掌类种子可以不覆土，但播种后必须用玻璃、塑料膜覆盖保湿。覆土应选用疏松的土壤或细沙、草木灰、椰糠、泥炭等，不宜选用黏重的土壤。

③镇压。镇压使种子与土壤紧密结合，使种子充分吸水膨胀，促进发芽。镇压应在土壤疏松、上层较干时进行。土壤黏重时不宜镇压，以免影响种子发芽。催芽播种的也不宜镇压。

④覆盖。播种后，用薄膜、遮阳网等覆盖，有保持土壤湿度、防止雨淋及调节温度等作用。但幼苗出土后，应及时撤除覆盖物。

⑤浇水。播种前，营养土应灌足底水，出苗前不需要灌水。如有些种子发芽期较长，需要灌水时，应进行喷雾灌溉，避免直接用大水漫灌，以免苗床板结。如果采用盆播，可用浸水法，直到盆土表面的土壤湿润为止。

3）移栽育苗

集中育苗后再移栽是花卉生产最常见的方法。在小面积上培育大量的幼苗，易于控制环境条件，可以精细管理，特别适用于种子细小、发芽率低、发芽期长、育苗要求高或新引进名贵种子量少的情况。

4）直播栽培

直播栽培是指将花卉种子直接播种于容器内或播于露地永久生长的地方，不经移栽直至开花，适用于植株小、生长期短的矮牵牛、孔雀草、凤仙花等；还有生长快但不适移栽的直根性花卉，如虞美人、花菱草、香豌豆等。

花卉播种育苗成功的关键在于幼苗的管理，种子萌发后要接受足够的阳光，保证幼苗的健康生长。光照不足时幼苗会长成节间稀疏的细长弱苗，故间苗要及时，过密者分两次间苗，第二次间出的苗可加以利用。播种基质肥力低，苗期宜每周施一次极低浓度的完全肥料。移栽前宜先炼苗，在移栽前几天适当控制水分，最好使温度比发芽温度低3℃左右，一般在幼苗2～4片真叶展开时进行。阴天或雨后空气湿度高时移栽，成活率高，忌晴天中午栽苗。起苗前半天，苗床浇一次透水，使幼苗吸足水分更适移栽。移栽后常采用遮阴、中午喷水等措施保证幼苗不萎蔫，有利于株苗成活及快速生长。

4.2 营养繁殖

花卉的营养繁殖（Vegetative Reproduction）是指将花卉营养器官（根、茎、叶）的一部分与母体分离或暂不分离，利用其营养器官长成新个体的繁殖方式。花卉常见的营养繁殖方式主要有分生繁殖、扦插繁殖、压条繁殖与嫁接繁殖。

4.2.1 分生繁殖

分生繁殖是指从母本分离出小植株或小子球另行栽植成新株的繁殖方法。分生繁殖是最简单、可靠的繁殖方法，成活率高，但产苗量少。分株在南方一年四季均可进行，但以春季为佳；北方在春、夏进行为宜。依分株部位不同，分生繁殖又可分为分株法，分球根法，分块茎、块根法三种方式。

1）分株法

分株法是指采用母本发生的根蘖、茎蘖、根茎等进行分割栽种的繁殖方法，多用于一些多年生草本花卉及丛生性强的花灌木。常绿花木多在春暖前进行分株，落叶花木在休眠期进行。分株法成苗快，分栽植株几乎可当年开花。

（1）露地花卉

露地花卉在分株前需将母株从田里挖掘出来，并尽可能多带根系，然后将整个株丛分成几丛，每丛都带有较多的根系，如芍药、牡丹等。还有一些萌蘖力很强的花灌木和藤本植物，在母株的四周常萌发出许多幼小株丛，在分株时不必挖掘母株，只挖掘分蘖苗另栽即可，如蔷薇、凌霄、月季等。

（2）盆栽花卉

盆栽花卉的分株繁殖多用于草本花卉。分株前先把母本从盆内脱出，抖掉大部分泥土，找出每个萌蘖根系的延伸方向，并把盘在一起的根分解开来，尽量少伤根系；然后用刀把分蘖苗与母株连接的根颈部分割开，并对根系进行修剪，剔除老根及病根后立即上盆栽植。

（3）仙人掌类及多肉花卉

分株在多肉植物中应用较多，如芦荟、虎尾兰、十二卷等，这些植物根部常有许多萌蘖株，它们很快就长得和母株同样形状，并长出自己的根系，分株一般用手掰开分成几丛，分别上盆栽植即可。

2）分球根法

大部分球根类花卉的地下部分分生能力都很强，每年都能长出一些新的球根。采用萌发的新球根进行繁殖，方法简便，并且比种子繁殖的开花早。

（1）球茎类

植物开花后在母球茎干枯的同时，能分生出几个较大的新球茎和很多小子球。新球茎第二年分栽后，当年即可开花。小子球则需培养2～3年后才能开花，如番红花、唐菖蒲。

（2）鳞茎类

鳞茎是变态的地下茎，具有鳞茎盘，其上着生肥厚多肉的鳞片而呈球状。每年从老球基部的茎盘分生出子球，抱合在母球上，把这些子球剥离下来另行栽植，可培养成新植株，如水仙、郁金香、君子兰。

3）分块茎、块根法

（1）块茎类

块茎由茎肥大变态而呈块状，芽通常在块茎顶端，如美人蕉的地下部分具有横生的块茎，并发生很多分枝，其生长点位于分枝的顶端。在分割时，每个块茎分枝都必须带有顶芽，才能长出新的植株，新根则在块茎的节部发生。这种块茎分栽后，当年都能开花。

（2）块根类

块根由地下的根肥大变态而成，块根上没有芽，它们的芽都着生在接近地表的根颈部，单纯栽一个块根不能萌发新株。因此分割时每块都必须带有根颈部分才能形成新的植株，如大丽花、花毛茛。

（3）根茎类

一些植物具有肥大而粗长的根状变态茎，具有节、节间、芽等与地上茎类似的结构，节上可形成根，并发出侧芽，切离母体后可长成新的植株，如马蹄莲、蜘蛛抱蛋。

4.2.2 扦插繁殖

植物营养器官具有再生能力，能发生不定芽或不定根。扦插繁殖是指将植株营养器官的一部分插入疏松润湿的土壤或细沙中，利用其再生能力，使之生根抽枝，成为新植株的繁殖方法。这种繁殖方法简便易行，快而经济，并且形成的扦插苗比实生苗幼龄期短，能提早开花结实，容易保持母体的优良性状。但是，扦插苗无主根，根系较播种苗弱，苗木寿命短。

1）扦插生根所需的环境条件

（1）温度

温度影响扦插生根，不同的花木要求不同的扦插温度，温度适宜则生根迅速。大部分花卉的扦插适温是20～25℃，如桂花、山茶、夹竹桃等。而原产于热带的花木则需在25～30℃的高温下扦插，如茉莉、橡皮树、鸡蛋花、朱蕉等。如果温度过高，伤口易发霉腐烂。因此，在盛夏进行嫩枝扦插时，成活率较低，当气温超过35℃时不要扦插。适宜的土温也是保证扦插苗成活的关键，土壤的温度高出气温2～4℃可促进生根。如果气温大大超过土温，插条的腋芽或顶芽在发根之前就会萌发，于是出现假活现象，使枝条内的水分和养分大量消耗，不久就会回芽而死亡，例如银杏在高温季节扦插时往往出现这种现象。

（2）湿度

①土壤湿度。土壤的湿度要适度，以保证插枝生根所需的水分。扦插基质含水量达到饱和，会使基质通气不良，含氧量降低，引起嫌气性细菌的大量滋生，致使插条腐烂而死亡。一般基质含水量在最大持水量的50％～60％为宜。

②空气湿度。硬枝扦插对空气湿度的要求不严，因为它们不带叶片，枝条大都木质化，而嫩枝扦插要求相当高的空气湿度，因为扦插时插条很难从基质吸收水分，加上插条本身的蒸腾作用，极易造成水分失去平衡。只有在较高的空气湿度下，才能最大限度地减少插穗的水分蒸腾，防止插条和叶片发生凋萎，并依靠绿色枝叶制造一些养分供发根的需要。因此，常用喷雾或塑料薄膜覆盖的方法，保证扦插床湿度在85％～90％。

（3）光照

许多木本花卉如木槿、锦带花、荚迷、连翘，在较低光照下生根较好，但对许多草本花卉，如菊花、天竺葵、一串红，适当增强光照对生根较好。另外，软材扦插一般都带有顶芽和叶片，可在日光下进行光合作用，从而产生生长素并促进生根。但过强的日光对插穗成活不利，因此在扦插初期应给予适度遮阴。除了光照强度影响之外，光质变化也会影响花卉的生长，如红蓝光源不同配比，将影响花卉节间生长、开花、结实等。

（4）氧气

当愈伤组织及新根发生时，呼吸作用增强，因此要求扦插基质具备良好的供氧条件。理想的扦插基质既能经常保持湿润，又可做到通气良好，因此扦插不宜过深，愈深则氧气愈少，不利于插条生根成活。

2）扦插基质

扦插可在水、素沙、蛭石以及珍珠岩、椰子壳纤维、砾石、炉渣、木炭粉和大粒河砂中进行，这些材料在扦插繁殖中统称为扦插基质。扦插基质应具有良好的通气条件，不含有机肥料和其他容易发霉的杂质，并能保持一定的湿度。上述扦插基质各有不同的优缺点，比如沙和大粒河砂通气条件好，又不含杂质，但它们的保湿和保温性差，夜间散热快，不能保持比较恒稳的土温；而蛭石则具有很强的保温能力，但生产成本高。因此在选用扦插基质时，多将两种以上的材料相混合，相互弥补彼此的缺点。如在大粒河砂中掺入$\frac{1}{2}$～$\frac{1}{3}$的泥炭来提高保温和保水性能，并利用泥炭中富含的腐殖酸刺激插条产生愈伤组织和发根，保证较高的成活率。

不论采用哪种材料作扦插基质，事先都必须消毒，或用流水冲洗，或用日光暴晒的方法来清除杂质和消灭有害细菌，这是保证扦插成功的关键。水插时应经常换水，水质要清洁，需提前1昼夜存放，使水温和气温相接近，以免忽冷忽热而延缓发根时间。基质最基本的要求是渗水性好，有一定的保水能力，升温容易，保温良好。

3）扦插方法

在准备插穗的同时，应将插床准备好，操作床宽约1m为宜，插床长度视地块长度或扦插材料的多少而定。为满足插穗生根时对水分和氧气的需要，插床内生根基质应既能保持湿润，又能很好排水，达到良好的通气状态。大量试验证明，生根基质中掺入适量的河沙和蛭石有利于扦插成功，插穗生根多且较柔软，易移栽。

根据插穗材料、扦插条件、扦插时间及扦插目的的不同，扦插有多种分类方法。

①按插穗材料不同，分为枝插、叶插、叶芽插、根插四种方法。

②按扦插季节分为春插、夏插、秋插、冬插四种。

4）扦穗的处理

取下做插穗的材料后，除了取合适的部位，去除花、花序及多余的叶片或顶尖外，对无花果、橡皮树等有分泌物的植物，进行绿枝插时，需先洗掉切口处的汁液；对难以生根的枝条，为促进生根，提高成活率，常用植物生长调节物质、碳水化合物、杀菌剂处理或刻伤。目前普遍认为，吲哚乙酸（IAA）是促进不定根形成的主要激素。吲哚丁酸（IBA）是由IAA转变来的，也能促进植物生根。萘乙酸（NAA）的生根效果居于前二者之间，价廉但毒性很大，使用时浓度不宜过高（常用50ppm、200ppm、500ppm）。因IAA和IBA引发的不定根数目多且细长，NAA引发的根数目少而粗壮，常将IBA和NAA混合使用。

用植物生长调节剂处理插条的方法很多，常用浸泡法、沾蘸法和粉剂法。浸泡时先配好溶液，再把插穗浸泡在10～100ppm溶液中，深2～3cm，时间12～24h，保存在遮阴和空气温度较高的地方。沾蘸法的药液浓度高，处理时间短，适用于大规模作业，可配制1000ppm以上的药液，把插穗基部（约1.5cm）在高浓度药液中蘸一下（约5s），取出后即可扦插。粉剂法是将生长调节物质与滑石粉（或细的黏土）混匀配成粉剂，插穗沾粉后抖落多余粉剂，为防止粉剂被土壤擦去，先用木签扎孔，再把插穗插入土中用土盖好。

4.2.3 压条繁殖

压条繁殖是使连在母株上的枝条形成不定根，然后再切离母株成为一个新生个体的繁殖方法。它是一些扦插不易发根的木本花卉常用的繁殖方法，其优点是成活率高、成苗快、开花早、不需特殊处理。压条繁殖的基本方法是把母株枝条的一段埋入土中，生根后切离母株，使之成为独立的新植株。按照压条方式的不同，压条繁殖一般分为普通压条法、埋土压条法和高枝压条法。

4.2.4 嫁接繁殖

1）概述

嫁接是指将植物营养器官的一部分（枝或芽），移接于其他植物体上，两者结合成一个独立的新个体并能继续生长的繁殖方法。用于嫁接的枝或芽称接穗，承受接穗的植物叫砧木，嫁接成活后的苗称为嫁接苗。嫁接成活的原理是，具有亲和力的两株植物在结合处的形成层产生愈伤组织，使导管、筛管互通，以形成一个新个体。

（1）嫁接繁殖的优点

①克服某些植物不易繁殖的缺点；

②保持原品种优良性状；

③提高苗木的抗性；

④提前开花结实；

⑤改变植株造型；

⑥成苗快；

⑦提高观赏性和促进变异。

（2）嫁接的缺点

①局限性；

②费工费时；

③技术性强。

2）砧木的选择与培育

（1）砧木的类型

由于砧木对接穗的影响较大，而且可选取的砧木种类繁多，所以选择砧木要因地、因时制宜。砧木按其来源分有实生砧和无性系砧两类。

（2）理想砧木的选择条件

①与接穗亲和力强，和多数栽培品种亲和良好。一般同属植物的亲和力较强，如梅花嫁接在杏砧、野梅砧、山桃砧、毛桃砧均可。

②对栽培地区、气候、土壤等环境条件的适应能力强，如毛桃耐湿性强，但抗寒性较弱，而山桃则相反。因此，在选用梅花砧木时，南方选用毛桃，北方多选用山桃。

③对接穗的生长、开花、结果、寿命能产生积极的影响，如梅花接在杏砧或梅砧上，要比接在山桃和毛桃上寿命长，但开花较晚。

④来源充足、易繁殖，如西洋杜鹃所用映山红或毛鹃砧木来源广泛，野生数量较大，可满足嫁接的需要。

⑤对病虫害、旱涝、低温等有较好的抗性。野生砧木一般都具有较强的抗性，如山桃、野梅、映山红等。

⑥在运用上能满足特殊需要，具有所希望的生长力，如乔化、矮化、无刺等，如嫁接观赏性碧桃盆栽，必须用寿星桃作砧木，寿星桃能使嫁接苗矮化，以满足观赏需要。

⑦根系发达，能吸收足够的营养物质。

3）嫁接时期

依据嫁接时植物生长特性的不同，可将嫁接分为休眠期嫁接与生长期嫁接。

（1）休眠期嫁接。休眠期嫁接可分为春接和秋接两种。春接一般在春季植物萌动前2～3周，即3月上、中旬进行，此时砧木的形成层已开始活动，接穗的芽也即将萌动，此时嫁接成活率最高。秋接在10月上旬至12月初进行，嫁接后当年愈合，第二年春天接穗再抽枝。

（2）生长期嫁接。7月至8月是芽接最适期，故其又称夏接。生长期嫁接主要为芽接，多在树液流动旺盛的夏季进行，此时枝条腋芽发育充实而饱满，而砧木树皮容易剥离。菊花在其生长期内均可进行嫁接，仙人掌类植物可周年进行，常绿阔叶树、针叶树一般现采现接。

4）嫁接的方法

影响嫁接成活的首要因素是砧穗的亲和力，其次是接穗的类型、质量和环境条件。依据接穗性质的不同，嫁接分为枝接、芽接、根接三种方法。

（1）枝接

枝接是将母树枝条的一段（枝上须有1～3个芽的接穗）基部削成与砧木切口易于密接的削面，然后插入砧木的切口中，注意砧穗形成层对体吻合，并绑缚、覆土，使之结合成活为新植株。枝接一般在树木萌发的早春进行，因此时砧木和接穗组织充实，温度和湿度也有利于形成层的旺盛分裂。枝接的接穗多选择成年母树冠外围一年生的枝条，枝接的关键是接穗与砧木在形成层紧密结合。

枝接按操作方法又分为切接、劈接、靠接三种类型。切接如图4-1所示，劈接如图4-2所示。

（2）芽接

图4-1　切接（张琦提供）

图4-2　劈接（张琦提供）

芽接是从枝上削取一芽，略带或不带木质部，插入砧木上的切口中，并绑扎好，使之密接愈合。芽接一般在植物生长缓慢时进行。嫁接过早，接芽当年萌发，冬季不能木质化，易受冻；嫁接过晚，砧木皮不易剥离。气候条件对嫁接也有影响，形成层和愈伤组织需在一定温度下才能活动，空气湿度接近饱和时对愈合最适宜，在室外嫁接，更要注意天气条件。

芽接常用T字形芽接。嫁接时，先处理砧木，后削接芽，接芽随采随接，以免接芽失水影响成活。采用T字形芽接，要先在砧木离地面3.5cm处切“T”形口，深度以见木质部，能剥开树皮为宜；再用刀尖小心剥开砧木树皮，将盾形带叶柄的接芽快速嵌入，用宽1cm的塑料带绑紧，只露出芽和叶柄，包扎宽度以超过切口上下1～1.5cm为宜。芽接后培土10cm高，10～15d后刨开土，检查成活情况。

（3）根接

根接是用根作砧木，采用劈接、切接等方法进行嫁接。如用芍药根接牡丹，在秋分前后把芍药地上的根茎剪除，在接穗下部中间切一个口，深约2cm，根的上部左右各削一刀成楔形，插入接穗下部劈口中，接后埋入土中，来年发芽。此法适于牡丹、玉兰、月季、大丽花等花木，多在冬季和早春进行。

5）嫁接后的管理

嫁接后的苗木要加强管理，尤其在最初的一段时间，温度应保持在12～32℃，土壤含水量应保持在14%～17.5%，空气湿度高有利于愈合。光照对愈伤组织的形成和生长有抑制作用，因此嫁接后要遮光。嫁接后一般要进行如下管理：

（1）检查成活

枝接一般在接后3～4周检查是否成活，如接穗已萌发，接穗鲜绿，则已成活。芽接1周后检查是否成活，用手触动芽片上保留的叶柄，如一触即落，表明已成活；否则芽片已死亡，应在其下面补接。

（2）松绑

枝接的接穗成活一个月后可松绑，一般不宜太早，否则接穗愈合不牢固，受风吹易脱落；也不易过迟，否则绑扎处出现溢伤影响生长。芽接一般在9月进行，成活后腋芽当年不再萌发，因此可不将绑扎物除掉，待来年早春接芽萌发后再解除。

（3）剪砧、抹芽、去萌蘖

剪砧视情况而定，枝接苗成活后当年就可剪砧，大部分芽接苗可在抽穗当年分1～2次剪砧，并抹去砧木滋生的大量萌芽，还应除掉接穗上过多的萌芽，以保证养分集中供应。

（4）生长期管理

在花卉生长期要进行土、肥、水管理，注意防治病虫害，及时中耕除草。

4.3　孢子繁殖

孢子繁殖（Spore Propagation），又称无性繁殖（Asexual Reproduction），是指植物体上产生一类具有繁殖能力的特化无性生殖细胞（孢子），孢子离开母体后直接萌发成新个体的繁殖方式。孢子不经过两性结合，因此与种子的形成有本质的不同。一些常见的观叶蕨类植物，如凤尾蕨、铁角蕨、肾蕨、巢蕨、铁线蕨、鳞毛蕨等，除了用分株繁殖之外，也采用孢子繁殖。孢子繁殖的方法如下：

1）收集孢子

蕨类观赏植物孢子的采集要掌握好最佳时期，大多数植物孢子在夏秋季节成熟。孢子成熟的标志是孢子囊丰满鼓胀、颜色近褐色。孢子成熟、孢子囊即将脱落而孢子未崩落出来时为最佳采收期。采集时将含孢子的叶片剪下，注意不要把孢子囊群剪破，吹弹掉附着在叶片两面的尘埃和杂物，有条件最好用细水喷（或冲）洗，然后用干净纸吸干，最后装入事先备好的干净纸袋内或干净的培养皿内，置于通风阴凉处让其自然干燥。1周左右孢子随着孢子囊的自然干燥而自行迸落，当孢子完全脱落后，收集散落的孢子，装入干燥的磨口瓶或硫酸纸袋中，置于干燥凉爽处待用。不同种类的孢子可以在不同地点同时收集，以免串杂。

2）孢子的播种

（1）播种季节

播种一般于春季2月至3月在阳畦、大棚或温室中进行。春季播种的孢子，当年即可长成营养植株，次年就能进入初采期。另外，也可以在秋季8月至9月播种。

（2）基质和器皿的准备

播种孢子最好采用野生蕨类植物生长区的土壤，也可采用偏酸性的腐殖质土或草炭土，一般宜选用持水量大、保水性好的基质。将泥炭土、腐熟的草皮土和河沙按2：1：1的比例混合均匀，过2～3cm的细筛，在阳光下晒干灭菌。为了去除病菌和绿藻，可采用0.1%～0.2%的福美双或土菌硝进行喷洒灭菌，然后填入播种床内，也可选用塑料盆、塑料盘、瓦盆、玻璃容器、穴盘等播种器皿，基质厚8～10cm，平整后浇透水，使湿度在95%以上，pH值为6～6.5。

（3）播种方法

将上年秋季采收的成熟孢子，用300mg/L浓度的赤霉素处理15min，促进孢子萌发，然后进行播种。播种方法有两种：一种是待床土水分渗透后，用毛笔或软质小毛刷将孢子粉均匀撒播于床面上，切记不要覆土，可稍稍淋水，使孢子粉与土面相接；另一种方法是将处理过的孢子粉倒入盛水喷壶中，摇匀后喷在播种床上。播种时密度要适中，过密培育出来的大多数为雄配子体；过于稀疏，则受精困难而导致苗率低。播种密度以配子体长大成熟时，彼此能互相密接为宜。

3）播种后的培养

播种孢子后在床面覆盖地膜，保温保湿。光照强度以散射光为宜，切忌暴晒。光照时间每天要在4h以上；基质温度控制在20℃左右，气温25～30℃，温度低于15℃或高于35℃时孢子萌发受阻；土壤和空气的相对湿度保持在85%～90%。孢子在播种后4～5d萌发，开始出现原丝体，15～30d就可见到绿色的配子体。再培养10～20d，待配子体充分发育，用镊子选拔较大的个体，在显微镜下检查其精子器和颈卵器的发育情况。若发现大多数精子器丰满鼓胀、内部颜色变深、个别已破裂成空壳，少数颈卵器口部已略张开，则其上的精子器和颈卵器基本成熟，可以开始进入受精过程，此时要注意适时适量灌水，因为只有在有水的条件下，精子才能游入颈卵器中与卵细胞结合形成合子，进而发育成孢子体。这时就可以每天浇水或喷雾1～2次，最好使水沿床面流动，为受精创造条件，持续1周。10～15d之后，就可以陆续见到幼小的孢子体，当孢子体长到1cm左右时就可以移栽了。

4）孢子体的移栽

移栽的器皿可选择穴盘（50穴、72穴或128穴）、塑料盆、瓦盆，也可选用苗床。移栽的基质要求疏松透水，可将草炭土、松针土、蛭石、细沙以5：3：1：1的比例混合，另外加入少量的生物有机肥料或腐熟有机肥。将混合好的基质装入器皿或移栽床，整平并适当压实，将孢子体分成小块，进行移栽。移栽时要保持土壤湿润，并适当遮阴，快速移苗后，再进行常规管理。根据情况可移栽2次。

5）苗期管理

（1）温度

温度是蕨类植物生长的重要环境条件。温暖的环境适合蕨类的生长，大多数蕨类植物生长适温为18～28℃。原产热带、亚热带及温带的种类在北方必须温室越冬。高温季节应加强通风降温和遮阴措施来减少对蕨类的危害。

（2）浇水

水是任何植物都需要的，蕨类也不例外。但对大多数蕨类，除了满足根部的需要外，还要满足叶面对水汽的需要，保持其周围环境的湿润。向根部浇水可以间隔几天一次，以保持基质湿润为原则，见干见湿。另外，必须每天向叶面喷洒水雾，特别是在北方干旱的冬季，水质以微酸性和中性为好。

（3）光照

多数蕨类为耐阴植物，忌强光暴晒，在充足的散射光条件下生长良好。在室外栽培要选略有荫蔽的场所；若栽种于温床内，夏天中午和下午则要遮挡直射的光线；在北方的冬季，每晚要用荧光灯管照射2～4h，满足它们对光的需要。

（4）施肥

刚刚移栽分盆的小苗需肥量不大，随着小苗的长大，需肥量逐渐增加。小苗长至4～5片真叶时，应适当施肥，可喷施0.1%～0.2%尿素液、0.1%酸二氢钾液和0.2%过磷酸钙液。春、夏多施，秋、冬少施或不施。植株长到10cm左右，叶柄基本纤维化后，即可将育成的幼苗定植到整好的栽培田中。

4.4 组织培养

4.4.1 组织培养的优点

①繁殖速度快；

②繁殖方式多；

③繁殖后代整齐一致；

④可获得无毒苗；

⑤可进行周年工厂化生产；

⑥经济效益高。

4.4.2 组织培养在花卉上的应用

许多花卉，如波士顿蕨、各种兰花、彩叶芋、花烛、喜林芋、百合、萱草、非洲紫罗兰、草莓、香石竹、唐菖蒲、非洲菊、菊花、秋海棠、杜鹃花、月季及许多观叶植物用组织培养都很成功，不仅扩大了繁殖规模，而且通过无病毒苗的生产，大大提高了花卉的观赏价值。随着转基因花卉的出现，组织培养在花卉生产中的应用会越来越广泛。

1）蕨类孢子的组织培养

蕨类的孢子在无菌条件下人工繁殖，虽然手续较繁、成本较高，但更安全可靠。将消毒后的孢子，用离心或过滤方法除去消毒液，用无菌水冲洗后，播于加有3％蔗糖及维生素B的琼脂培养基中，在有光处27℃下2～3周，即可见原叶体产生；2～3个月便可移入土壤基质中培育。原叶体在琼脂培养基中还可不断增殖成大团，并能产生少数孢子体。

2）种子的组织培养

植物界中有些植物的种子本身胚乳发育不良或在发育中产生一些抑制发芽的物质，导致发芽困难，如兰科植物的种子非常细小，在自然条件下只有在一定的真菌参与下，极少数的种子才能发芽。1922年，Kundson首先成功用无机盐与蔗糖培养基在试管内将兰花种子培育成幼苗，后来种子的组织培养在其他植物上也广泛应用。

3）营养体的组织培养

营养体的组织培养亦称微体繁殖，是用一小块营养器官作为外植体进行培养，最后生产出大量幼苗的方法。营养体的组织培养一般可分为四个阶段，即外植体建立、芽和嫩梢的增殖生长、诱导生根及炼苗移栽。

4.4.3 组织培养在生产应用中存在的主要问题

1）生产成本高

在进行组织培养作业时，可选择高效益、名特优、珍稀的植物进行组织培养商品化生产，进而获得更高的经济效益。

2）成活率较低

通过培育健壮的组培苗、调控环境因素、选择适宜的基质，组培苗移栽成活率可达到90％以上。

3）理论研究和生产技术相对落后

我国组织培养技术用于商品开发起步较晚，设备落后，理论研究不够透彻，研发项目不多，技术应用更少。在推广应用环节存在普及深度不够的问题，如目前组织培养的研究只局限于较大的科研单位，与新品种选育结合得不紧密，而许多较大的苗木公司及个体经营者又没有真正认识到组织培养的意义，他们宁愿投入大量资金购买组培苗，也不愿引进技术、设备、人才来武装、壮大自己。

4.4.4 组织培养在我国的发展方向

1）保护生态环境，挽救濒危植物

我国幅员辽阔，植物种类众多，约有3.1万种高等植物，占世界总数的10％，其中濒临灭绝的稀少物种有4000～5000种，占世界稀少物种总种数的15％～20％。近几十年来，约有200种植物相继消失，许多物种面临退化和灭绝的威胁，这对人类来讲是不可估量的损失。最有效的挽救方法之一，就是收集珍稀濒危植物的种质和基因资源，并用组织培养的方法迅速繁殖和人工栽培，这样在保护濒危植物的同时，也可带动一方经济发展。

2）加快名、特、新、优花卉和苗木品种的推广应用

我国观赏植物资源十分丰富，享有“世界园林之母”的美誉，原产我国的观赏植物达113科、523属、2万种。研究发现，利用现有资源培育出世人瞩目的新品种是很有希望的，结合组织培养快繁技术，我国花卉、苗木业的前景非常广阔。

3）生产“人工种子”

所谓“人工种子”，是指以胚状体为材料，经过人工薄膜包装，在适宜条件下能萌发长成幼苗的种子。美国科学家已成功地把芹菜、苜蓿、花椰菜的胚状体包装成人工种子，并得到较高的萌发率，这些人工种子已生产并投放市场。我国科研工作者已成功研制出水稻人工种子。组织培养人工种子将在遗传育种、作物改良和改革作物栽培中获得更大的成效。

4）种质资源贮藏和植物引种

在液氮（－196℃）条件下，加入冷冻保护剂，可使组织培养物的代谢水平降低，有利于细胞、胚状体、试管苗、愈伤组织等长期保存。据报道，冷冻保存的胡萝卜胚状体在保存1年后仍具有再生成植株的能力，有些国家据此建立了种质库，但我国在该领域尚属空白，亟须发展。将植物材料以组培形式保存在培养容器内运输，开展国际或地区间的种质交换，既可节省时间、空间，降低运输成本，又能减少田间采集种子或所用无性繁殖材料中携带的有害生物。

5）有用化合物的工业化生产

组织培养可用于有用化合物的工业化生产，包括药物、橡胶、香精油、色素等，这些化合物大多是高等植物的次生代谢物，有些不能大规模人工合成，依靠植物生产又来源有限，而利用组织培养植物的某些器官或愈伤组织，并筛选出高产、高合成能力、生长快的细胞株系，就可实现工业化生产，这是一条行之有效的途径。

课后习题

1. 举例说明园林花卉有哪些繁殖方法。
2. 比较花卉的有性繁殖和无性繁殖方法，并探讨它们在保持生物多样性和生态平衡方面的作用。
3. 什么是花卉种子的寿命？影响种子寿命的内外因素有哪些？
4. 花卉种子萌发所需要的条件有哪些？
5. 什么是需光种子、嫌光性种子？请举例说明。
6. 影响种子发芽的休眠因素有哪些？
7. 播种前种子处理方法有哪些？
8. 什么是营养繁殖？它与有性繁殖相比有哪些优缺点？
9. 什么是分生繁殖？举例说明分生繁殖的类型与特点。
10. 举例说明园林花卉扦插繁殖的类型与特点。
11. 解释扦插繁殖的原理及其在园林花卉繁殖中的应用，讨论提高扦插生根率的方法。
12. 举例说明嫁接与压条繁殖在花卉繁殖中的应用情况。
13. 举例说明蕨类植物的繁殖方法。
14. 什么是孢子繁殖？它与种子繁殖有何差别？
15. 花卉组织培养繁殖的特点是什么？
16. 花卉组织培养的前景如何？
17.分析如何将花卉繁殖技术与生态环境保护、绿色生活和可持续发展理念相结合。
18.探讨传统花卉繁殖技术与现代科学技术如何结合。

5

花卉栽培设施及管理

[知识要领]

• 掌握花卉栽培的相关设施、栽培方式与管理方法，提高对花卉设施、管理方法的选择与环境关系的认识。

[思政要点]

• 本章的学习，使学生了解传统和现代的栽培设施、栽培技术以及管理方法，这些方法的革新、转变是人们在不断实践中建立起来的，从而引导学生深刻认识“实践出真知”的道理；随之到来的智能化技术革新，是解放人类双手、降低能耗的有效办法，使学生了解智能栽培设施、智能管理系统给花卉的栽培养护以及生产提供了更多的便利，从而引导学生辨别思考传统与新型技术之间的差异，建立起一定的批评性思维。最终促进学生全面发展和成长，为其担负起未来的职业生涯和社会责任做好充足准备。

[知识结构图]

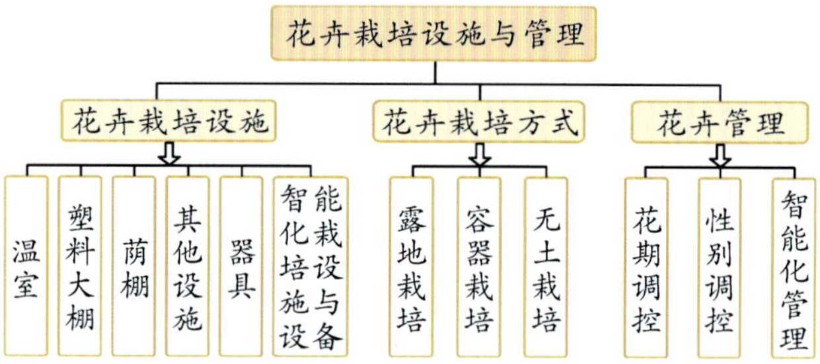

5.1 花卉栽培设施

花卉生长发育过程需要很多必要的条件，尤其是一些草本花卉，不仅自身脆弱，生长易受环境的影响，其开花过程更是需要一些特殊条件，因此必要的栽培管理就显得尤为重要。此外，就现代花卉产业的发展规模化、反季节销售、跨地区生产等需求来看，一些特殊的栽培管理措施也是必需的。常用的保护地设施主要有温室、荫棚、风障、冷床、温床、冷窖、塑料大棚等。

5.1.1 温室

温室（Green House）又称暖房，是一类能透光、保温（或加温），用来栽培植物的设施。它是结构复杂、设备完善的花卉栽培设施，由于其具有较强的环境因子控制和调节能力，能满足不同花卉生长发育的需要，实现周年生产，因此成为目前花卉生产栽培中最重要和应用最广泛的设施之一。

各种类型的温室具有各自的特点和性能，其应用的范围和产出效能也不尽相同，根据建筑结构温室一般可分五种形式：单屋面温室，双屋面温室，不等屋面温室，圆顶温室，连栋式温室（图5-1）。

1）温室的建筑形式分为三种类型：地上式，半地下式，地下式。

2）温室的建筑材料分为如下两部分：

①屋面覆盖材料：玻璃温室，塑料玻璃屋面温室，阳光板温室，F-CLEAN薄膜温室。

②建筑结构材料：砖土结构温室，竹木结构温室，钢结构温室，铝合金结构温室。

3）温室的内部设备

（1）植物台和置物架

温室内设置植物台，可使花卉接受充分的光照，因为愈靠近屋面，光线愈强；可使室内通风良好，排水通畅，有利于盆花的健康生长，易于调节土壤温湿度；可充分利用温室空间，台下可设水池、暖气管或放置耐阴花卉等。

（2）种植床

种植床又称栽培床，是温室内栽培花卉的设施，用于月季、香石竹、菊花、紫罗兰、百合、鹤望兰等切花栽培。种植床易于保持湿润，土壤不易干燥；土层深厚，花卉生长良好，更适于深根性及多年生花卉生长；设置简单，用材经济，投资少；管理简便，节省人力。但通风不良，日照差，难以严格控制土壤温度。

（3）苗床

苗床可分为固定式和移动式。有的直接设置在加温管道上，有的采用电线加温。以南向采光为主的温室，苗床多设于北墙，大小视需要而定，一般宽约1m，深40～50cm，其中填入基质即可。

（4）灌溉设备

在一般的栽培温室中，大多设置水池或水箱。现代化温室多采用滴灌或喷灌，在计算机的控制下，定时定量地供应花卉生长发育所需要的水分，并保持室内的空气湿度，尤其适用于对空气湿度要求高的蕨类、热带兰等专类温室，这样可增加温室利用面积，提高温室自动化程度。

此外，温室还有通风及降温设备，加光、遮光设备，加温设备以营造良好的适宜植物生长的温度、光照环境。

4）其他附带的建筑设施

附带的建筑设施有工作房、种子房、晒场、工具材料仓库。

5）温室的管理

（1）温度的调节

根据不同花卉种类和各个生长时期的要求，需要人为创造一个理想的温室环境，以提高花卉的产量和质量。对温室温度进行的调节包括冬季的保温、加温和夏季的降温。

（2）光照的调节

温室内要求光照充足、分布均匀。除了在设计和建造温室的过程中需要考虑这些因素外，在生产过程中有时也需要进行光照的调节，包括补光、遮光和遮阴。

（3）湿度的调节

温室内的空气湿度是在温室密闭情况下，由土壤水分的蒸发和植物体内水分的蒸腾产生的，空气湿度过高或过低都对花卉的生长发育不利。降低空气湿度的方法主要有通风排湿，增加空气湿度的方法主要有喷雾加湿、湿帘加湿、室内修建贮水池等。

土壤湿度直接影响花卉对水分和土壤矿物质的吸收。土壤湿度的调控主要根据各种花卉生育期需水量、体内水分状况及土壤湿度等状况而定。调节土壤湿度可以通过适时灌水和适量灌水等方法来实现。

（4）土壤环境的调节

土壤环境调节分为土壤中盐类浓度的调节、土壤生物环境条件的调节。

（5）二氧化碳气体的调节

增施二氧化碳有利于花卉的生长发育，可以增加产量，提高品质，促进扦插生根，提高移栽成活率，增强花卉对不良环境的抵抗力，目前已成为温室生产中环境调节的一项重要内容。现代化的温室一般都配有二氧化碳发生器，能结合二氧化碳浓度检测和反馈控制系统进行二氧化碳施肥。

5.1.2 塑料大棚

塑料大棚又称大棚，是用竹木、钢或PVC管材等材料支成拱形或屋脊形骨架，覆盖薄膜建造而成。骨架由立柱、拱杆（架）、拉杆（纵梁）、压杆（压膜线）等部件组成，结构模型参见单屋面和双屋面结构示意图。塑料大棚一般南北延伸，长30～60m，高2～3m，宽8～15m，占地面积一般在300m^{2}以上。与玻璃温室相比，塑料大棚结构简单、投资费用低、有效栽培面积大，是一类成本较低的栽培设施。

1）塑料大棚的类型

根据外形结构，大棚可分为拱圆形塑料大棚，屋脊形

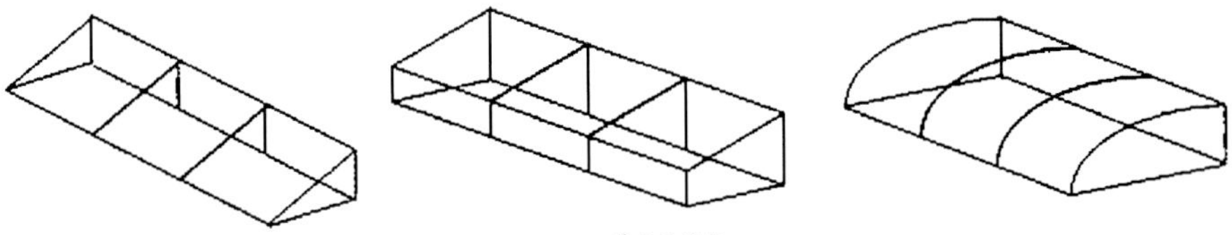
单屋面温室

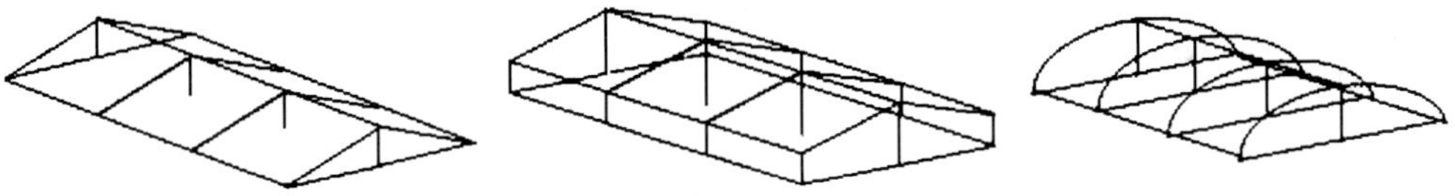
双屋面温室

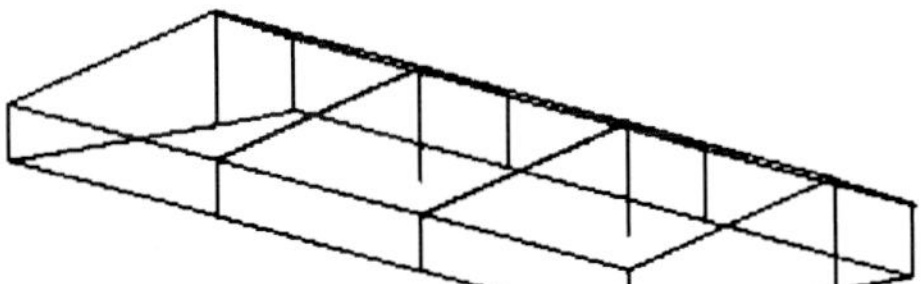
不等屋面温室

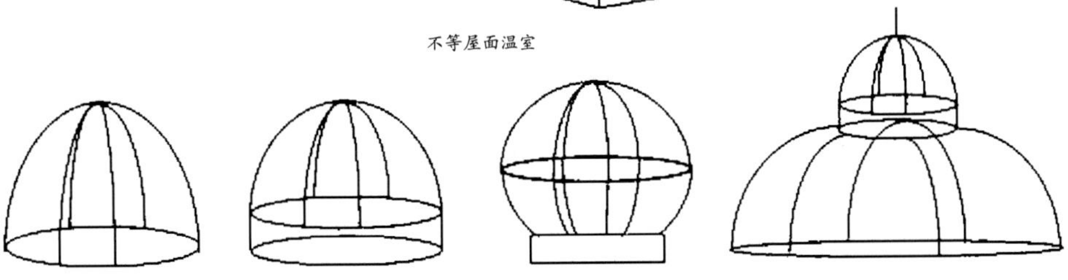
圆顶温室

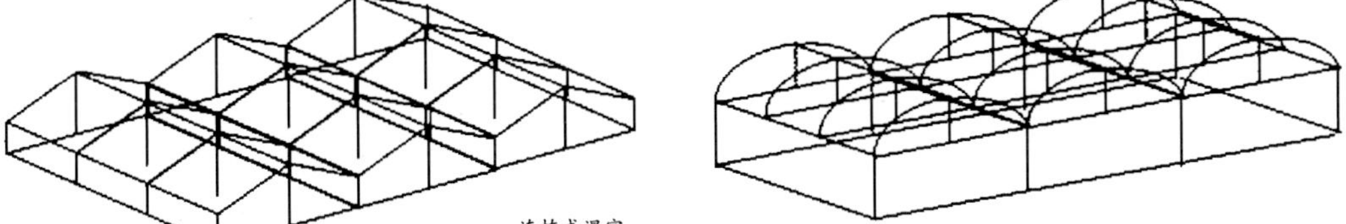
连栋式温室

图5-1 温室结构示意图

塑料大棚。

根据耐久性，大棚可分为固定式塑料大棚，简易式移动塑料大棚。

2）塑料大棚的建筑材料

大棚骨架材料：竹木结构，钢结构，混合结构，装配式钢管结构。

大棚的覆盖材料：普通膜，多功能长寿膜，草被、草扇，聚乙烯高发泡软片，无纺布，遮阳网。

3）塑料大棚在花卉生产中的作用及应用

塑料人棚在我国北方只是临时性保护设施，而在长江以南地区则可用于周年生产花卉。塑料大棚在花卉的栽培或养护中可以代替温床、冷床，甚至可以代替低温温室。由于良好的透光性，塑料薄膜白天可起到提高地温的作用；夜间气温下降时，塑料薄膜的不透气性可减少热量的散失，起到保温作用，其常用于观赏植物的春提早、秋延后栽培，如北方早春月季、唐菖蒲、晚香玉在棚内生长要比在室外早开花，晚秋栽培时花期又可以延迟1个月左右。塑料大棚还可以用于播种各种草花育苗，盆花切花栽培，扦插、组培苗的过渡培养等，在大棚中栽培的比露地的出苗早、生根快、成活率高、生长整齐、种苗质量高等。

5.1.3　荫棚

荫棚是指用来蔽荫，防止强烈阳光直射和降低温度的一种设施，是花卉栽培中必不可少的。荫棚除棚架外，还需苇帘盖于其上。

1）荫棚的类型和结构

荫棚的种类和形式很多，大致可以分为临时性荫棚和永久性荫棚两类（图5-2）。

（1）临时性荫棚

临时性荫棚多用于露地繁殖床、露地菊花等切花栽培，此种荫棚多较低矮，通常高度0.5～1m。

（2）永久性荫棚

永久性荫棚（图5-2）用于温室花卉和兰花栽培，长江以南还用于杜鹃等喜阴植物的栽培。此种荫棚一般高2～2.5m，以较高者为佳。永久性荫棚骨架多用钢管或水泥柱建成，骨架上覆盖苇帘、竹帘、板条等遮阴材料，苇帘、竹帘容易卷放，可依照不同花卉对光照的要求适当卷放。

2）荫棚在花卉生产中的作用

荫棚是一种夏季栽培设施，大多数属于阴性、半阴性植物的温室花卉（如观叶植物、兰花等），不耐夏季温室内的高温，需设置荫棚以利越夏。阴性、半阴性花卉的露地栽培也宜在荫棚下进行。夏季播种、嫩枝叶扦插、上盆、分株植物的缓苗等都需要在荫棚中进行。因此，荫棚是许多花卉夏季栽培必不可少的设备，可以避免阳光直射、降低温度、增加湿度，还可以防止暴雨冰雹的危害，保证夏季花卉栽培的顺利进行。

5.1.4　其他设施

1）冷床与温床

冷床与温床是花卉栽培常用的设施，两者在形式和结构上基本相同。其不同点是，冷床只利用太阳辐射热维持一定的温度；而温床除利用太阳辐射热外，还需增加人工热补充太阳辐射热的不足。

冷床又叫阳畦，是以太阳辐射能为热量来源的小型园艺设施，由泥土、砖石、木材、水泥、蒿秆等材料构筑而成。冷床主要用于冬春季节日光资源比较丰富的地区，用于二年生花卉的保护越冬及一二年生花卉的提前播种，耐寒花卉的促成栽培及温室种苗移栽露地前的炼苗。

温床指除了利用太阳辐射能外，还需人为加热以维持较高温度的保护地类型。一般温床的建造选在背风向阳、排水良好的地方。温床热源除太阳辐射热外，有发酵热、电热、地热（温泉地热水）、气热及火热等，尤以发酵热温床和电热温床应用广泛。

温床的保温性能明显高于冷床，可用于不耐寒花卉的越冬，一年生花卉提早种植，二年生花卉促成栽培等。发酵热温床设置复杂，温度不易控制。电热温床利用电热线加温，具有升温快、地温高、温度均匀、调节灵敏、使用时间不受季节的限制等特点，同时又能根据不同花卉种类和不同天气状况调节控制温度和加温时间，通过仪表可以自动调控。可以在阳畦内铺设电热温床，也可以在大棚、

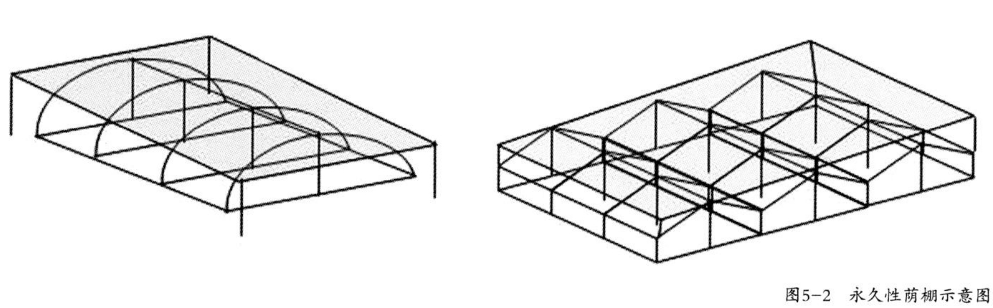

图5-2　永久性荫棚示意图

温室内做成简易电热温床，还可以在大棚、温室内把电热温床扣上小棚，甚至加上防寒覆盖物来提高增温保温效果。

2）地窖

地窖又称冷窖，是冬季防寒越冬的临时性保护场所，在我国北方地区应用较多。地窖具有保温性能较好、建造简便易行的特点，常用于不能露地越冬的宿根、球根、水生及木本花卉等的保护越冬。地窖通常深1～1.5m，宽约2m，长度根据越冬植物的数量而定。地窖的最低温度应高于0℃，花卉11月初即可入窖。

地窖应设于避风向阳、光照充足、土层深厚、地下水位较低处。地窖根据其与地表的相对位置，可分为地下式和半地下式两类。地下式窖体位于地面以下，仅窖顶在地面以上；半地下式，窖顶高出地面。地下式保温性能较好，但窖内较低，管理不便，通常建成死窖；半地下式窖内较高，常设门，管理方便，通常建成活窖。

窖顶的形式有三种，即人字式、平顶式和单坡式（图5-3）。人字式和单坡式地窖窖内较高，管理较为方便，多设有出入口；平顶式窖顶通常用木料做支架，上覆高粱秆或玉米秸、稻草等，厚度10～15cm，再覆土封顶。初入窖时天气尚暖，为防窖内闷热，可先不覆盖窖顶，随气温降低，逐渐封顶。开始覆土宜薄，随气温降低，逐渐加厚，大雪后应及时清扫。植物出入窖前均应进行抗性锻炼，以免造成伤害。

3）风障

风障是我国北方地区常用的简易保护设施之一，可用于耐寒的二年生花卉越冬，或一年生花卉露地栽种；也可为新栽植的园林植物设置风障，借以提高移栽成活率。

风障主要由基埂、篱笆、披风三部分组成，风障可降低风速，使风障前近地层气流比较稳定。风障能充分利用太阳辐射能，提高风障内附近的地表温度，并能比较容易地保持风障内的温度。风障还有减少水分蒸发和降低相对湿度的作用，从而相对改善植物的生长环境。

4）冷库

冷库是指人为地调低温度以贮存种子、球根、鲜花等花卉产品的设施。冷库通常保持0～5℃的低温，或按需要调节温度，是花卉促成和抑制栽培中常用的设备。

5.1.5　器具

1）花卉栽培容器

（1）育苗容器

传统育苗多在苗床内扦插或播种，成苗后再定植。起苗时往往会伤根，缓苗期长，有的苗木成活率低。近年来，花卉种苗生产中常用的容器育苗方式占地面积小，便于创造最佳环境条件，采用科学化、标准化的技术措施，应用机械化、自动化的设备等，幼苗生长速度快、一致性

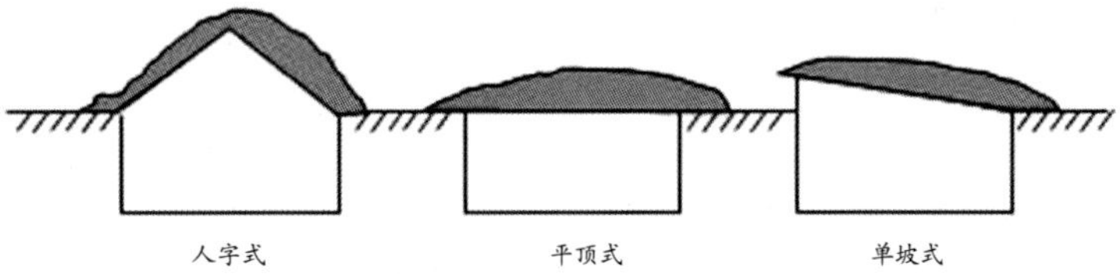

图5-3　窖顶形式示意图

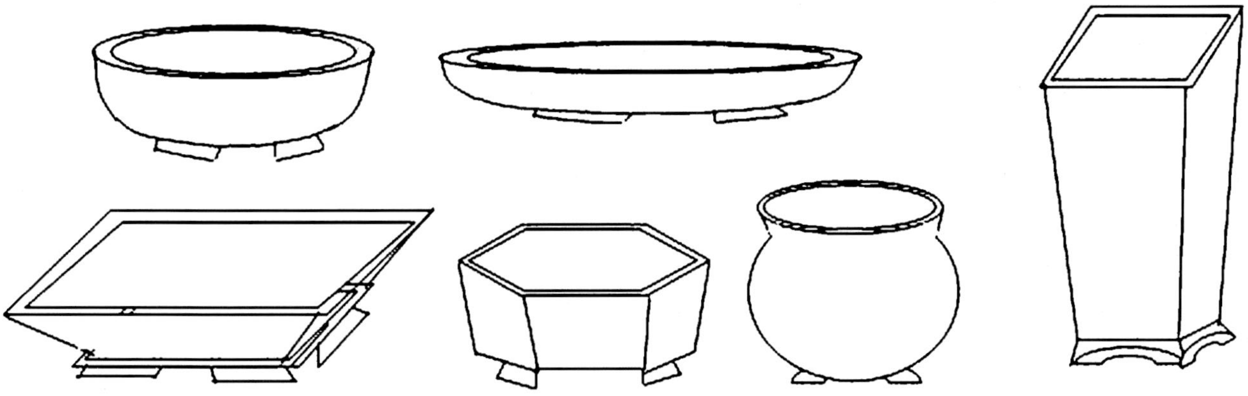

图5-4　各种盆器示意图

好，可提早开花并提高花朵质量。目前常用的育苗容器有育苗盘、穴盘、育苗筒、育苗钵等。

（2）花盆

栽培花卉的花盆（图5-4）种类繁多，其质地、大小及用途也各不相同，主要分类如下：①素烧泥盆；②陶瓷盆；③木盆或木桶；④盆景用盆；⑤兰盆；⑥水养盆；⑦塑料盆；⑧纸盆。

2）花卉栽培常用的工具及材料

（1）栽培工具

①浇水壶；②喷雾器；③修枝剪；④嫁接刀。

（2）辅助工具

①切花网；②遮阳网；③覆盖物；④塑料薄膜。

此外，花卉栽培过程中还需要竹竿、竹条、板条、棕丝、铝丝、铁丝、塑料绳等用于绑扎支柱，以及各种标牌、温度计、湿度计等。

3）花卉栽培机具

目前现代化花卉生产的机具越来越多，比较常用的有播种机、球根种植机、上盆机、穴盘播种机、球根清洗机、球根分级机、切花去茎去叶机、切花分级机、切花包装机、盆花包装机、温室计算机控制系统以及花卉冷藏运输车等。

5.1.6 智能化栽培设施与设备

花卉栽培智能化是现代农业发展的重要方向之一。引入智能技术和设备，可以提高生产效率，降低劳动强度，节约资源，并提高花卉的质量和产量。

（1）智能温室。智能温室是农业设施中最高级的设施之一，主要由保温墙体、棚架、塑料薄膜或透光材料、遮阳网以及保温棉等组成。该温室智能化监测系统以互联网为基础，通过智能暖棚传感触控一体机操作系统，同时结合自动化控制技术、智能传感器等，实现智能化、无人化远程集中栽培管理。

（2）智能化信息采集系统。该系统能够实现对温室环境的自动调节和控制。栽培人员能够合理控制温室内温度和湿度，保证环境可以满足花卉的生长需要。该系统运用技术设备对温室内部的空气湿度、温度等进行采集，通过数据反映出花卉实际生长情况，便于栽培人员制定针对性的管理策略。

（3）无人机和机器人栽培设施。利用无人机进行植物巡视、施肥和喷药，可减少人工操作，提高作业效率和准确性。机器人可以用于花卉移栽、剪裁和采摘等工作。

（4）远程监控和控制系统。通过互联网技术，该系统可实现对花卉栽培设施的远程监控和控制，使种植者能够随时了解生产情况，并及时进行调整。

通过智能化设施，生产者可以对花卉栽培实现精准化管理，提高生产效率和质量，并有效节约资源。这对于花卉产业的可持续发展非常重要。

5.2 花卉栽培方式

5.2.1 露地栽培

花卉露地栽培是花卉生产和城市绿化美化的主要形式。这种栽培方法的优点是管理方便、操作程序简便、节省劳动力资源和成本，而且在栽培过程中既能直播又能移栽，在绿化美化过程中可进行有效的规划控制，使花色艳丽丰富，开花期相对集中，达到极强的美化装饰效果。不足之处在于，环境条件不能精确控制，花卉易于受到不良的环境因素影响，导致减产；管理也不能实现精细化控制，花卉质量不统一，影响花卉商品性。花卉的露地栽培管理工作主要包括土壤准备、繁殖、间苗、移植、浇水、施肥、中耕除草、整形修剪、防寒越冬等环节。

5.2.2 容器栽培

1）盆栽方法

（1）上盆

将花苗从苗床或育苗器皿中取出移栽到花盆中的过程称为上盆。

（2）换盆与翻盆

花苗在花盆中生长了一段时间以后，植株长大，需将花苗脱出换入较大的花盆中，这个过程称为换盆。花苗植株虽未长大，但因盆土板结、养分不足等，需将花苗脱出修根系，重新更换培养土，增施基肥，再栽回原盆，这个过程称为翻盆。各类花卉盆栽过程中均应换盆或翻盆。

（3）转盆

在光线强弱不均的花场或日光温室内盆栽花卉时，花苗因向光性的作用而偏方向生长，以致生长不良或观赏效果降低，所以在这些场所的盆栽花卉应经常转动花盆的方位，这个过程称为转盆。

（4）倒盆

随着花苗植株的生长，植株冠幅增大从而造成株间拥挤，为了加大盆间距离，使之通风透光良好，必须进行倒盆，不及时倒盆会招致病虫害和引起徒长。另外在温室中，由于盆花放置的位置不同，光照、通风、温度等环境因子的影响也不同，盆花生长情况各异。为了使花卉产品生长均匀一致，要经常进行倒盆，将生长旺盛的植株移到条件较差的位置，而将较差部位的盆花移到条件较好位置，以调整其生长。通常倒盆与转盆同时进行。

（5）松盆（扦盆）

松盆即松土，使盆土表面疏松，空气流通，有利于浇水和施肥。通常用竹片或小铁耙进行。

2）水肥管理

水肥管理是盆花栽培十分重要的环节。盆花栽培中灌水与施肥常常结合进行，依花卉不同生长发育阶段，适时调控水肥量的供给，在生长季中相隔3～5d，水中加少量肥料混合使用，效果亦佳。

3）整形与修剪

整形与修剪是盆花栽培中重要的一环，它可以创造和维持良好的株型，调节生长和发育以及地上和地下部分的比例关系，促进开花结果，从而提高观赏价值。

5.2.3　无土栽培

花卉无土栽培指用无机化肥配成富含花卉植物生长发育所需各种养分的营养液，供花卉植物直接吸收利用，因此无土栽培又称营养液栽培或水培。无土栽培的花卉可以像土壤栽培一样获得足够的水分、无机营养和空气。

1）与土壤栽培相比具有的优点

①生产的花卉品质好；②便于人工调控，利于栽培的现代化；③清洁卫生、无杂草、病虫害少；④不受土地限制。

无土栽培技术是较先进的花卉栽培技术，也是现代花卉栽培技术的发展趋势。适合无土栽培的花卉有菊花、仙客来、香石竹、马蹄莲、大岩桐、百合、唐菖蒲、风信子、郁金香、文竹、非洲菊、蕨类等。

2）无土栽培的方式

近年来无土栽培的方式越来越多，根据营养来源不同可分为无机营养无土栽培和有机营养无土栽培；根据有无栽培基质可分为无基质栽培和有基质栽培，无基质栽培根据营养液的供液方式又可分为水培和雾培；根据养分的循环状态可分为开路式栽培和闭路式栽培；根据栽培的空间形式可以分为平面栽培、立面栽培和水面栽培；根据栽培设施不同可分为单一式栽培、简易式栽培和综合栽培。尽管无土栽培的类型很多，但基本原理和目的相同。

3）栽培基质

花卉无土栽培基质指用以代替土壤栽培花卉的物质。土壤是植物赖以生存的基础，对植物的生长发育起着举足轻重的作用，但它存在许多不足之处，如带菌、黏重、污染室内环境、不卫生，还有一些土壤酸碱度不适合植物生长。单纯用营养液栽培时，当植物进入生长旺期，特别是开花结果时，植株难以固定和管理，因此需要根据植物的生长条件，如通气、水、肥等，选用适宜基质，用来固定和支持植物的生长。这样既方便管理，又可节省高昂的水培设施费用，也容易推广应用。无土栽培基质可以是有机基质也可以是无机基质，但必须对周围环境无污染、安全卫生；基质质量比较轻、结构好、搬运方便；外形与花卉造型、摆设环境相协调。目前国内常用的无土栽培基质有砂、蛭石、砾石、泥炭、岩棉、炉渣、珍珠岩、锯末、膨胀陶粒、稻壳等。由于各种基质的物理性能不同，应混合使用。

4）营养液的配制与管理

无土栽培需使用矿物质营养元素配制的营养液提供营养。具备植物正常生长所需的元素，又易于被植物利用，是配制营养液时首先要考虑的问题。此外，营养液的配制要求是化学药剂要严格使用和适时使用，杂质尽量要少。

5.3　花卉管理

花卉产业是一种较为精细的农业产业，花卉的管理与其他作物的管理相比有一些特殊的方法。现代化的花卉生产，越来越走向科学化，因此对人员的专业化管理水平的要求也越来越高。掌握好花卉的生长发育规律，合理地进行调控，是花卉生产实现效益最大化的重要环节之一。

5.3.1　花期调控

花卉产业以花器官为产品，而花器官管理则以花卉花期调控为最核心的部分。所谓花卉花期调控是指在花卉生产中，用人工方法控制花卉的开花时间和开花量。“催百花于片刻，聚四季于一时”，就是古人对花卉花期调控的精辟概括，该技术也是当今花卉现代化规模生产中极为重要的关键技术。

1）控光控花法

光照强度、光照时间对不同花卉植物或同一植物的不同生长发育期的影响各不相同，但尤以光周期影响最为显著。控光控花法包括：①短日照处理法；②长日照处理法；③遮光延长开花时间法；④昼夜颠倒法。

2）控温控花法

在日照条件满足的前提下，温度就成为影响开花早晚的主要控制因素。人为满足不同花卉植物花芽分化、花芽成熟和花蕾发育对温度的要求，即可达到控制花期的目的。

控温控花法包括：①加温调节法；②降温调节法。

3）气体调节法

在花卉生长发育过程中，人为增加不同成分气体，可改变或影响植株体内生理生化反应及代谢过程，从而达到打破休眠、提早开花的目的。如采用烟熏法可打破郁金香、小苍兰、洋水仙等球茎类花卉的休眠；用大蒜挥发出的气体处理唐菖蒲球茎4h，可以缩短唐菖蒲的休眠期，比未处理球茎提前开花，花的质量也好。

4）栽培管理控花法

（1）播期调节控花法

根据不同花卉在当地气候条件和栽培条件下，从播种到开花所需天数，按期播种，即可在预定时间开花。

（2）水肥调节控花法

部分木本花卉在遭遇干旱、病虫害等恶劣环境时，为繁衍后代需要，会加速完成开花、结果等繁殖后代的进程。据此可采取控水措施，以加快生育进程，达到提前丌花的目的。

（3）修剪控花法

此处修剪是指以促使开花或再度开花为目的修剪。

5）植物生长调节剂控花法

（1）促进开花

赤霉素可促进紫罗兰、矮牵牛等长日照花卉在短日照条件下开花。赤霉素可代替低温处理，打破休眠，促进开花。

（2）延迟开花

利用植物生长调节剂延迟开花或延长花期已广泛应用于木本花卉植物栽培中。如用1000mg/kg丁酰肼（B9）喷洒杜鹃蕾部，可延迟杜鹃开花达10d；采用萘乙酸及2,4-D处理菊花，也可延迟花期，达到调控花期的目的。

5.3.2 性别调控

花的性别与许多雌雄异花园艺作物的果实产量及品质密切相关，生产上需要采取一些措施来调节雌雄花的比例。

1）选择适宜的品种

两性花及雌花比例不仅因园艺作物种类不同而异，而且品种间也有很大差异，生产上应选择雌花比例高的品种。

2）改善生态条件

光周期、温度及湿度等环境条件均能在一定程度上改变园艺作物的雌雄花比例。

3）生长调节剂的应用

许多植物生长调节剂都会影响园艺作物的雌雄性别比例，尤其是赤霉素和乙烯效果最为明显。

4）改善树体营养条件

植株碳氮比越大，越有利于雄花分化，而不利于雌花分化，尤其是氨基酸含量越高，越有利于雌花分化，雄蕊氨基酸含量仅为雌花的一半。

5.3.3 智能化管理

花卉智能化管理是指利用人工智能和物联网等技术手段进行花卉的生长管理和照顾。以下是一些智能化技术在花卉管理中的应用：

（1）智能监测与诊断。通过传感器监测土壤湿度、温度、光照强度等关键参数，实时获取花卉的生长环境信息。结合机器学习和数据分析算法，可以对植物状态进行评估和诊断，及时发现问题并采取相应措施。

（2）智能灌溉。基于传感器数据和自动控制技术，实现智能化的灌溉管理。根据花卉的需水量和土壤湿度情况，自动控制水泵或喷灌系统进行精准的灌溉，避免灌水过度或灌水不足。

（3）智能光照调控。利用智能照明系统和光照传感器，实现对花卉的光照强度、光照时间和光谱的精确调控。根据不同植物的生长需求，提供适宜的光照环境，促进植物的生长和开花。

（4）智能施肥。通过传感器监测土壤养分和植物营养需求，智能化地进行施肥管理。根据植物的品种和生长阶段，自动调控施肥机制，提供合适的营养供给，保证植物的健康生长。

（5）远程监控与控制。利用物联网技术，将花卉栽培环境与手机或电脑等终端连接，实现远程监控与控制。花卉的生长状态、环境参数可以随时随地通过APP或网页进行查看和管理，方便花卉爱好者进行远程照顾与管理。

智能化技术的应用，使得花卉管理变得更加精确、高效和便捷。它可以提供个性化的照顾，促进花卉的健康生长，减少资源浪费，并降低人工管理的负担。

课后习题

1. 与露地栽培相比，花卉的设施栽培有何特点？
2. 什么是容器栽培？容器栽培的方法有哪些？
3. 什么是无土栽培？常见的无土栽培基质有哪些？
4. 常见的花卉栽培设施有哪些？各有何特点？
5. 实践内容：调查、记录当地栽培花卉的主要设施形式，分析这些设施如何符合绿色设计原则。
6. 花卉的花期调控因素有哪些？
7. 探讨花卉花期调控在传统节庆文化及现代生活中的应用和意义。

6 各论

拓展教学视频——
各类花卉文化
案例解析

[知识要领]

• 掌握一二年生花卉、宿根花卉、球根花卉、水生花卉、岩生花卉、多浆植物、室内植物与兰科植物的形态特征、习性，以及各类型常见植物的繁殖栽培要点及其在园林中的应用方法。

[思政要点]

• 通过本章学习，学生不但从形态特征方面，而且从习性角度识别不同花卉，深刻认识花卉的形态美、生态美，并结合自学方式认知文化美；通过理解不同花卉植物的繁殖与栽培要点，学生可以增强植物养护意识、审美能力以及对自然环境的关注和保护意识，还可以获得自然科学、生命教育、美育教育等方面的启示，最终达到全面提高学生素质和培养综合素质的目的。

[知识结构图]

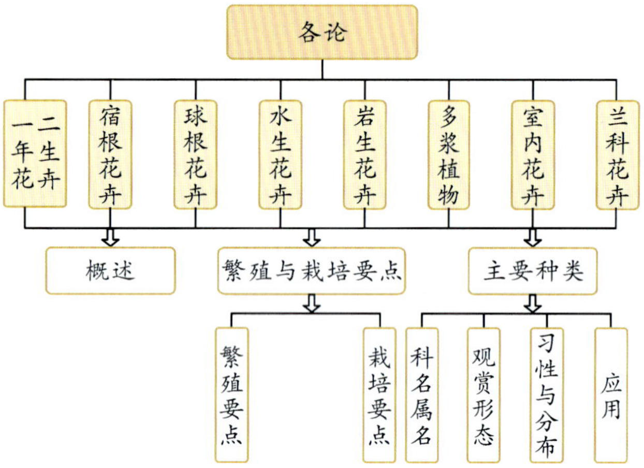

6.1 一二年生花卉

6.1.1 概述

一二年生花卉除了含义界定的种类外，在实际栽培中还包括作一年生或二年生栽培的多年生花卉，同时这两类花卉除了严格要求春化作用的种类外，在一个具体的地区，依无霜期和冬、夏季的温度特点，有时也没有明显的界线，可以作一年生栽培，也可以作二年生栽培。在冬季寒冷、夏季凉爽的地区，大多数花卉作一年生栽培。因此，实际栽培应用中的一二年生花卉是指花卉的栽培类型。

（1）一年生花卉

栽培类型为一年生花卉的种类，主要来自下述两类花卉：

①典型的一年生花卉

这类花卉指在一个生长季内完成全部生活史的花卉。花卉从种子萌发到开花、死亡均在当年内进行，一般春季播种，夏、秋季开花，冬季来临时死亡。

②多年生作一年生栽培的花卉

这类花卉在当地露地环境中作多年生栽培时，对气候不适应，不耐寒或生长不良或两年后观赏效果差。同时，其具有容易结实、当年播种当年开花的特点，如长春花、一串红。

（2）二年生花卉

栽培类型为二年生花卉的种类，主要来自下述两类花卉：

①典型的二年生花卉

这类花卉指在两个生长季完成生活史的花卉，即花卉从种子萌发到开花、死亡跨越两个年头，第一年营养生长，然后经过冬季，第二年开花结实、死亡。一般秋季播种，种子发芽，营养生长；次年的春季或初夏开花、结实，在炎夏到来时死亡。真正的二年生花卉，要求严格的春化作用，种类不多，有须苞石竹、紫罗兰等。

②多年生作二年生栽培的花卉

园林中的二年生花卉，大多数种类是多年生花卉中喜冷凉的种类，因为它们在当地露地环境中作多年生栽培时对气候不适应，不耐炎热或生长不良或两年后观赏效果差。但其具有容易结实、当年播种次年开花的特点，如雏菊、金鱼草等。

（3）既可以作一年生栽培，也可以作二年生栽培的花卉

这类花卉依耐寒性和耐热性及栽培地的气候特点决定。一般情况下，该类花卉抗性较强，有一定的耐寒性，同时不怕炎热，如在北京地区蛇目菊、月见草可以春播也可以秋播，生长一样，只是开花时植株高矮和花期有区别。还有一些花卉，喜温暖、忌炎热，喜凉爽、不耐寒，也属此类栽培类型，如霞草、香雪球，只是秋播生长状态优于春播；而翠菊、美女樱只要冬季保护得当，也可以秋播。

6.1.2 繁殖与栽培要点

1）繁殖要点

一二年生花卉在繁殖和栽培中有许多共同点，以播种繁殖为主。每年气候有变化，播种时间也需要随之调整。

（1）一年生花卉

在春季晚霜过后，即气温稳定在大多数花卉种子萌发的适宜温度时可露地播种。为了提早开花或开花繁茂，也可以借助温室、温床、冷床等保护地提早播种育苗。华南地区正常春播时间为2月底至3月下旬，华中地区为3月中旬至下旬。

（2）二年生花卉

一般秋季播种，其种子发芽适宜温度低，早播不易萌发，保证出苗后根系和营养体有一定的时间生长即可。在

冬季特别寒冷的地区，如青海西宁，则在春季播种，作一年生栽培。

多年生作一二年生栽培的种类中，有些也可以扦插繁殖，如金盏菊、半枝莲。除了为保持品种特点外，一般不采用此法。

2）栽培要点

园林中一二年生花卉的栽培有两层含义：一是直接在应用地栽植商品种苗，这时的栽培实质上是管理；二是从种子开始培育花苗，可以直接在应用地播种，也可以在花圃中先行育苗，然后移栽应用地，这时的栽培包括育苗和管理。

（1）商品苗的栽培

园林中栽培的一二年生花卉可以直接使用花卉生产市场提供的育成苗，直接栽植在应用位置。这类小苗目前主要在温室中采用穴盘育苗方式培育。移栽应用地前，需要先整地。对土壤有益的整地是秋季耕地深翻，在春季使用时再整地作床。一二年生花卉生长期短、根系浅，一般土壤耕翻20～30cm深即可；砂质壤土宜深，黏质壤土宜浅。新开垦的土地和多年使用的土地最好秋季深翻后施入有机肥。作床后进行定植，大多数花卉带土坨移植容易缓苗。以后的管理主要是适时浇水、控制杂草、去残花，只有花期很长的花卉需要进行1～2次追肥。一些二年生花卉花后重剪，追1次肥加强管理，秋凉后还可以再次开花，如金鱼草、香雪球等。

（2）观赏栽培也可以在露地从播种苗开始

一年生花卉：整地作床→播种→间苗→移苗→（摘心）→定植→同商品苗管理。

二年生花卉：整地作床→播种→间苗→移苗→越冬→移植→（摘心）→定植→同商品苗管理。

整地作床：露地花圃育苗，先作播种床，一般情况下床内不施肥。移植后的栽培床可以使用基肥，土壤肥力较高也可以不施肥，仅在育苗期间补充1～2次液肥。定植床整理与栽培商品苗时要求一致。

播种：参照4.1的播种方法。

间苗：出苗后，幼苗长出1～2片真叶时，留下健壮苗，去掉弱苗、徒长苗以及杂苗。间苗可扩大幼苗生长空间。

移苗：可在幼苗长出3～4片真叶时进行。第一次移苗是移裸根苗，要边移边浇水，以后再带土球移栽。2～3次后，定植。移苗会伤根，从而促使更多的须根发生；多次移苗的植株低矮茁壮，开花晚，但是花朵繁茂。

摘心：摘除枝梢顶芽，促进分枝，使全株低矮、株丛紧凑。可以摘心的花卉有一串红、荷兰菊、美女樱等，而有些不能摘心，如凤仙花、鸡冠花、三色堇等。

二年生花卉越冬：不同区域越冬方式不同，如南方地区（长江流域以南）一般可以露地越冬，但北方地区可能要增加覆盖物过冬。现在也有用塑料膜覆盖过冬的，每天打开膜两端通风，管理同上；寒冷时还可以加覆盖物。但后一种温度过高、光线过弱，可能会导致植株的徒长。

移植：次年3月上中旬去除覆盖物，一些花卉适当摘心。

定植：将移栽过的种苗最后种植在盆、钵等容器中待用，或按设计要求直接种植于土壤中。

耐寒性差的花卉要在温室内栽培，露地气温适宜时再移到室外。

6.1.3 主要种类

1）一年生花卉

（1）鸡冠花 *Celosia cristata*（鸡冠头、红鸡冠）（图6-1）

科名：苋科

属名：青葙属

观赏形态

花色：深红色、鲜红色、淡红色、紫红色、橙黄色、黄色、白色。

花形：花序肉质顶生，扁平呈宽扇状或扁球形、肾形等；具丝绒般光泽；上部退化成丝状，中下部呈干膜质状，生不显著细小花。

花期：夏至秋季。

叶形：叶互生全缘或有缺刻，长卵形或卵状披针形。

叶色：绿色、黄绿色、红绿色及红色等。

株高：15～120cm。

习性与分布

习性：喜阳光充足、炎热和空气干燥的环境，不耐寒；喜疏松、肥沃、排水良好的土壤，不耐瘠薄；忌积水，较耐旱；怕霜冻，可自播繁衍；短日照下花芽分化快，火焰型花序分枝多，长日照下鸡冠状花序形体大。

分布：原产东亚及南亚亚热带和热带地区。

应用

花序顶生显著，形状色彩多样，有较高的观赏价值，是重要的花坛花卉。矮型及中型品种可用于花坛和盆栽观赏，也可作边缘种植。高型品种用于花境和切花，切花瓶插可保持10d以上，也可制成干花。鸡冠花花序、种子可入药，茎和叶可食。

（2）藿香蓟 *Ageratum conyzoides*（胜红蓟、一枝香）（图6-2）

科名：菊科

属名：藿香蓟属

观赏形态

花色：蓝色、粉白色、淡紫色。

花形：花极小，头状花序瓔珞状，密生枝顶，花朵质感细腻柔软。

花期：7月至12月。

叶形：叶对生，心状卵形，边缘有锯齿。

叶色：绿色、黄绿色。

株高：30～60cm。

习性与分布

习性：喜阳光充足、温暖湿润的环境，不耐寒；对土壤要求不严，适应性强，能自播繁衍；遇酷暑生长会受到抑制；耐修剪，修剪后能迅速开花。

分布：原产美洲热带，我国广泛栽培，华南地区有逸生。

应用

花朵繁多，色彩淡雅，株丛有良好的覆盖效果，可做毛毡花坛，也是良好的地被植物，适宜花丛、花群、花带或小径沿边种植，还可用于岩石园和盆栽。全株可入药，有清热解毒、消肿止血功效。浸水溢出香气，幼鱼喜食，可做鱼饲料。

（3）雁来红　*Amaranthus tricolor*（三色苋、老来俏）（图6–3）

科名：苋科

属名：苋属

观赏形态

花形：花小，不明显，密集成簇，穗状花序生于叶腋中。

花期：5月至8月。

叶形：单叶互生，卵形、菱状卵形或披针形。

叶色：叶片基部通常为暗紫色，入秋后上部叶片变成黄色或粉红色，顶生叶尤为鲜艳。

株高：80～150cm。

习性与分布

习性：喜阳光充足，不耐寒；喜疏松肥沃、排水良好的土壤，耐盐碱；忌湿热，怕涝，耐干旱；能自播繁衍。

分布：原产于亚洲及美洲热带。

应用

植株高大，秋季枝叶艳丽，高低差异大，有自然之趣，是优良的观叶植物。宜作花丛花群自然丛植，或作花境的背景材料，亦可盆栽或切枝。全株入药，有解毒、驱寒热、明目之效，种子可治眼病，嫩叶可作蔬菜或饲料。

（4）波斯菊　*Cosmos bipinnatus*（秋英、扫帚梅、大波斯菊）（图6–4）

科名：菊科

属名：秋英属

观赏形态

花色：白色、粉红色、红色、深红色、黄色。

花形：头状花序顶生或腋生，总梗长，花序直径5～10cm，总苞片2层，内层边缘膜质，花瓣8枚，舌状花紫红色至白色，管状花黄色。

花期：6月至10月。

叶形：单叶对生，长约10cm，二回羽状全裂，裂片狭线形，较稀疏，全缘无齿。

株高：50～120cm。

习性与分布

习性：喜温暖，不耐寒，忌酷热，对夏季高温不适应；喜光，耐干旱瘠薄，肥水过多则茎叶徒长而少花，易倒伏；宜排水良好的砂质土壤；忌大风，宜背风处种植；具有极强的自播繁衍能力。

分布：原产于墨西哥及南美洲。

应用

植株高大，花朵轻盈艳丽，开花繁茂自然，有较强的自播能力，成片栽植有野生自然情趣。可成片配置于路边或草坪边缘及林缘，可作花群和花境用花或作花篱和基础栽植，也可作切花观赏。

（5）孔雀草　*Tagetes patula*（老来红、小万寿菊、红黄草）（图6–5）

科名：菊科

属名：万寿菊属

图6–1　鸡冠花

图6–2　藿香蓟

图6–3　雁来红

观赏形态

花色：红褐色、黄褐色、淡黄色、紫红色斑点等。

花形：花梗自叶腋抽出，头状花序顶生，单瓣或重瓣。花形与万寿菊相似，但花朵较小而繁多。

花期：3月至5月、8月至10月。

叶形：羽状分裂，裂片线状披针形。

叶色：深绿色。

株高：30～40cm。

习性与分布

习性：喜阳光，但在半阴处栽植也能开花；对土壤要求不严，既耐移栽，又生长迅速，栽培管理很容易。

分布：原产于墨西哥，是一种适应性强的花卉。在我国很多地方都可以见到，尤其是南方更常见。

应用

开花期间，黄澄澄的花朵布满梢头，显得绚丽可爱，具有很高的观赏价值，适宜盆栽、滴栽或做切花。孔雀草已经逐步成为花坛、庭院的主体花卉；它还有药用和保健作用，花叶可以入药，有清热化痰、补血通经的功效。

（6）万寿菊　*Tagetes erecta*（臭芙蓉）（图6–6）

科名：菊科

属名：万寿菊属

观赏形态

花色：黄色、乳白色、橘红色、橙色。

花形：头状花序单生，径5～12cm；舌状花具长爪，边缘皱曲，花序梗上部膨大。

花期：7月至9月。

叶形：茎粗壮，叶对生或互生，羽状全裂，裂片有锯齿，披针形或长圆形，顶端尖锐，叶缘背面有油腺点，有强臭味。

叶色：绿色。

株高：50～100cm。

习性与分布

习性：喜阳光充足的温暖处，能耐早霜，在半阴处也生长开花；抗性强，对土壤要求不严，较耐干旱；在多湿、酷暑条件下生长不良；能自播繁殖。

分布：原产于墨西哥，我国各地广为栽培。

应用

花大色艳，花期长，其中矮型品种最适宜作花坛用花或在花丛、花境栽植，还可作窗盒、吊篮和种植钵花卉；高型品种花梗长且挺直，切花水养持久。叶有腺点，有强烈气味，因此无病虫，也可以保护周围的其他花卉不生病虫。花晾干，裹面后油炸可食。

（7）矮牵牛　*Petunia×atkinsiana*（灵芝牡丹、碧冬茄）（图6–7）

科名：茄科

属名：碧冬茄属

观赏形态

花色：白色、粉色、红色、紫色、蓝色、黄色、褐色和复色。

花形：花冠漏斗形，单瓣或重瓣，单瓣花冠漏斗形，重瓣花冠半球形，先端具波状浅裂，花大色艳，培育效果良好，开花时不见茎叶。

花期：4月至10月，温度保持在15～20℃时可四季开花。

叶形：叶对生或互生，叶质柔软，卵形，全缘，近无柄。

叶色：绿色至深绿色。

株高：20～60cm。

习性与分布

习性：喜温暖干燥，不耐寒，干热的夏季开花繁茂；喜阳光充足，耐半阴；喜疏松、排水良好及微酸性土壤；忌积水雨涝。

分布：原产于南美洲，为园艺杂交种。

应用

栽培品种繁多，植株低矮丰满，多花。开花繁茂，花

图6–4　波斯菊

图6–5　孔雀草

图6–6　万寿菊

期长，色彩丰富，是优良的花坛和种植钵花卉，也可自然式丛植。大花及重瓣品种可供盆栽观赏或做切花，温室栽培可四季开花。种子入药，有驱虫之功效。

（8）大花马齿苋　*Portulaca grandiflora*（半支莲、龙须牡丹）（图6-8）

科名：马齿苋科

属名：马齿苋属

观赏形态

花色：白色、粉色、红色、橙色、黄色、斑纹及复色。

花形：花单生或数朵簇生于枝顶，单瓣或重瓣，开花繁茂。

花期：6月至9月。

叶形：植株低矮，茎匍匐状或斜生，叶圆柱状，肉质。

叶色：绿色。

株高：10～30cm。

习性与分布

习性：喜高温，不耐寒；喜光；喜砂壤土，适应性强，耐干旱瘠薄，不耐水涝；能自播繁衍。花在日中盛开，其他时间或阴天光弱时，花朵常闭合或不能充分开放。但近几年已培育出全日性开花的品种，对日照不敏感。

分布：原产南美洲巴西等地，我国各地习见栽培。

应用

半支莲茎叶光洁，色彩丰富而鲜艳，花期长，株矮叶茂，是良好的花坛用花，可用作毛毡花坛或花境、花丛、花坛的镶边材料，也可用于窗台栽植或盆栽，但无切花价值。

（9）一串红　*Salvia splendens*（墙下红）（图6-9）

科名：唇形科

属名：鼠尾草属

观赏形态

花色：鲜红色、白色、粉色、紫色。

花形：顶生总状花序，似串串爆竹，花唇形，2～6朵轮生，伸出萼外，长达5cm，下唇较短，花萼与花冠同色，花落后花萼仍具有观赏价值。

花期：3月至10月。

叶形：全株光滑，茎多分枝，四棱，茎节常为紫红色。叶对生，有柄长6～12cm，先端尖，叶缘有锯齿，两面无毛。

叶色：绿色。

株高：15～90cm。

习性与分布

习性：喜阳光充足，不耐寒，能耐半阴；忌霜害和高温，忌积水和碱性土壤；喜疏松肥沃的土壤。生长适温24℃。

分布：原产于南美洲，我国园林中广泛栽培。

应用

植株紧密，开花时覆盖全株。常用的红花种，花色极为亮丽，是优良的花坛花卉。矮生种尤其适宜作花坛用，

图6-7　矮牵牛

图6-8　大花马齿苋

图6-9　一串红

还可以作花带、花境。一般白色、紫色品种的观赏价值不及红色品种。一串红在我国北方也常作盆栽观赏。

（10）夏堇 *Torenia fournieri*（蓝猪耳、花公草）（图6-10）

科名：玄参科

属名：蝴蝶草属

观赏形态

花色：蓝紫色、桃红色、紫青色、深桃红色、紫色。

花形：顶生总状花序，花二唇形，上唇浅紫色，下唇深紫色，基部色渐浅，喉部有醒目的黄色斑点。

花期：6月至10月。

叶形：植株低矮，多分枝，呈簇生状；茎四棱，光滑；叶对生，卵形而端尖，叶缘有细锯齿。

叶色：淡绿色。

株高：15～30cm。

习性与分布

习性：喜高温且阳光充足的环境，耐炎热，不耐寒，耐半阴；喜肥沃且排水良好的土壤，对土壤要求不严，耐旱；生长强健，需肥量不大，可自播繁衍。

分布：原产于亚洲热带、非洲林地。

应用

叶色淡绿，花期极长，耐炎热，花姿轻逸飘柔，为夏季花卉匮乏时的优美草花。也可作花境前缘配植，花坛、林缘丛植与片植，庭院点缀及盆栽观赏。

（11）美女樱 *Verbena hybrida*（铺地马鞭草）（图6-11）

科名：马鞭草科

属名：马鞭草属

观赏形态

花色：白色、粉色、红色、紫色、蓝色、复色。

花形：穗状花序顶生，开花部分呈伞房状，花小而密集；花冠筒状，花冠中央有明显的白色或浅色的圆形“眼”；花序直径7～8cm。

花期：5月至11月。

叶形：全株具细绒毛，植株丛生；茎四棱；叶对生，长圆形，边缘有明显的锯齿。

叶色：深绿色。

株高：10～50cm。

习性与分布

习性：喜阳光充足的温暖处，忌高温多湿，有一定的耐寒性，怕干旱，不耐阴；对土壤要求不严，但在湿润、疏松而肥沃的土壤中，开花更为繁茂；能自播繁衍。

分布：原种产于巴西、秘鲁及乌拉圭等地，现少有栽培。

应用

分枝紧密、低矮，匍匐地面，花序繁多，花色丰富秀丽，花期长，扩展力强，是优良的花坛、种植钵和边缘花卉。矮生品种高20～25cm，也适合盆栽。

（12）百日草 *Zinnia elegans*（对叶梅、百日菊、步步高）（图6-12）

科名：菊科

属名：百日草属

观赏形态

花色：除蓝色系外，红、黄、粉、紫色系全有。

花形：头状花序单生，直径为5～15cm，具长花梗。舌状花多轮，近扁盘状，花瓣呈倒卵形，顶端向后翻卷；筒状花集中在花盘中央。

花期：7月至10月。

叶形：叶抱茎对生，卵形或长椭圆形，全缘。

叶色：灰绿色。

株高：30～100cm。

习性与分布

习性：喜阳光温暖处，忌酷暑，耐早霜；要求肥沃湿润的土壤，在贫瘠干旱的土壤上开花质量明显降低；耐贫瘠干旱，忌连作，怕湿热。

分布：原产于墨西哥。

应用

生长迅速，花色繁多而艳丽，花姿优美，花期较

图6-10 夏堇

图6-11 美女樱

图6-12 百日草

长，是炎夏园林中的优良花卉。可作花坛、花境；株丛紧凑、低矮的品种可以作窗盒和边缘花卉，切花水养持久。

（13）醉蝶花 *Cleome spinosa*（西洋白花菜、凤蝶草、紫龙须）（图6-13）

科名：山柑科

属名：白花菜属

观赏形态

花色：粉红色、紫色、白色。

花形：总状花序顶生，花多数，花瓣4枚，雄蕊6枚，长度超过花瓣一倍多；雌蕊更长，超过雄蕊。

花期：6月至8月。

叶形：掌状复叶，含5～7枚小叶，叶柄基部有托叶变成的小钩刺2枚。

叶色：绿色。

株高：100~150cm。

习性与分布

习性：喜温暖通风向阳的环境，耐干旱及炎热，不耐寒；要求肥沃、排水良好的土壤；生长强健，能自播繁殖。

分布：分布于美洲热带、西印度群岛至北美。

应用

醉蝶花的花瓣轻盈飘逸，盛开时似蝴蝶飞舞，颇为有趣，可在夏秋季布置花坛、花境，也可进行矮化栽培，将其作为盆栽观赏。对二氧化硫、氯气均有良好的抗性，是非常优良的抗污染花卉，在污染较为严重的地区也能很好地生长。

2）二年生花卉

（1）二月兰 *Orychophragmus violaceus*（诸葛菜）（图6-14）

科名：十字花科

属名：诸葛菜属

观赏形态

花色：蓝紫色、淡红色、白色（花色会随着花期逐渐变淡，最终变成白色）。

花形：总状花序顶生，着生5～20朵，花径约2cm。

花期：4月至6月。

叶形：基生叶和下部茎生叶羽状深裂，上部茎生叶长圆形或窄卵形，叶缘有不整齐的锯齿状结构。

叶色：绿色。

株高：20～80cm。

习性与分布

习性：耐寒、耐旱，适应性强，有自播繁衍能力并能自成群落，可适应中性或弱碱性土壤；耐阴性强，在具一定散射光的情况下，也可以正常生长、开花、结实。

分布：原产我国，分布于我国东北、华北地区，遍布北方各省市。

应用

多在南方栽植应用，冬季依然绿叶葱葱，早春时节更是花开成片。它是园林荫处、林下、荒坡、粗管区的优良地被植物，也可以用作花境、缀花草地或岩石园的点缀材料。嫩茎叶可食用。

（2）五色草 *Alternanthera bettzickiana*（红草、锦绣苋）（图6-15）

科名：苋科

属名：虾钳菜属

观赏形态

株形：匍匐草本，分枝呈密丛状。

叶形：叶纤细，常具彩斑或异色。

叶色：绿色、红褐色。

株高：修剪控制在10cm左右。

习性与分布

习性：喜阳光充足，略耐阴，喜温暖湿润，畏寒；喜高燥的砂质土壤，不耐干旱和水涝。盛夏生长迅速，秋凉时叶色艳丽。株丛紧密，极耐低修剪。

分布：原产巴西，主要分布于热带和亚热带地区，现我国各大城市均有栽培。

图6-13 醉蝶花

图6-14 二月兰

图6-15 五色草

应用

五色苋类植株低矮，分枝性强，耐修剪，最适合做模纹花坛。可用不同的色彩配置成各种花纹、图案、文字等平面或立体的形象，也可用于花坛和花境边缘及岩石园。园林中常见的种类有红草五色苋、五色苋。

（3）金鱼草 *Antirrhinum majus*（龙头花、龙口花）（图6–16）

科名：车前科

属名：金鱼草属

观赏形态

花色：白色、黄色、橙色、粉色、红色、紫色、复色。

花形：总状花序顶生，长20～60cm，花冠筒状唇形，小花密生，二唇形，由花葶基部向上逐渐开放，基部膨大成囊状。

花期：3月至6月。

叶形：茎直立，叶基部对生，上部螺旋状互生，披针形或阔披针形，全缘。

叶色：绿色。

株高：30～80cm。

习性与分布

习性：性耐寒，喜凉爽气候，忌高温多湿，较耐旱；喜光，稍耐半阴；喜疏松肥沃、排水良好的微酸性砂质土壤，稍耐石灰质土壤；在冷凉环境中生长健壮，开花适温15～26℃；能自播繁衍。

分布：原产于地中海沿岸及北非，主要分布于北半球。

应用

株形挺拔，花色浓艳丰富，花形奇特，适用于花坛、种植钵、花境、切花、盆栽。高型品种可用作背景种植或布置于建筑物旁，矮型品种可在岩石园、窗台或边缘种植。切花品种水养时间持久。全株可入药，有清热、凉血、消肿功效。

（4）雏菊 *Bellis perennis*（春菊、延命菊）（图6–17）

科名：菊科

属名：雏菊属

观赏形态

花色：白色、粉色、玫瑰红色、紫色、洒金色、复色。

花形：头状花序单生，舌状花，花朵高出叶面，小巧玲珑，直径3～5cm；花葶自叶丛中抽出，长10～15cm，可抽生出多数花葶。

花期：3月至5月。

叶形：叶匙形，基生。

叶色：绿色。

株高：7～20cm。

习性与分布

习性：喜冷凉，较耐旱，可耐-3～4℃低温，不耐炎热，炎热时极易枯死，重瓣大花品种耐寒力弱；喜全日光，也耐微阴；对土壤要求不严，但以疏松肥沃、湿润、排水良好的砂质土壤为好；不耐水湿。

分布：原产于西欧。

应用

植株娇小玲珑，花色丰富，为春季花坛常用花材，也是优良的种植钵和边缘花卉，还可用于岩石园。有单瓣和重瓣品种，园艺品种均为重瓣类型。

（5）羽衣甘蓝 *Brassica oleracea* var. *acephala* f. *tricolor*（叶牡丹）（图6–18）

科名：十字花科

属名：芸苔属

图6–16　金鱼草

图6–17　雏菊

观赏形态

花色：黄白色、粉色、红色、紫红色、青灰色。

花形：总状花序，抽薹开花时可高达1.5～2m。

花期：冬春季节。

叶形：叶宽大而肥厚，平滑无毛，被有白粉。

叶色：叶色丰富，外部叶片呈绿色，内叶叶色丰富。

株高：30～50cm。

习性与分布

习性：喜冷凉，较耐寒，忌高温多湿；喜阳光充足；喜疏松肥沃的砂质壤土。

分布：原产欧洲。

应用

植株低矮，叶有许多美丽的色彩，叶色鲜艳，叶形多变，是我国华中以南地区冬季花坛的主要材料，也可盆栽。

（6）金盏菊 *Calendula officinalis*（金盏花、长生花）（图6–19）

科名：菊科

属名：金盏菊属

观赏形态

花色：黄色、橙色、乳白色。

花形：头状花序单生，直径可达15cm，夜间闭合。

花期：4月至9月。

叶形：叶互生，长圆至长圆状倒卵形，基部抱茎。

叶色：绿色。

株高：25～60cm。

习性与分布

习性：喜冷凉，忌炎热，较耐寒，小苗能抗-9℃低温，但大苗易遭冻害；喜阳光充足；性强健，对土壤要求不严，耐瘠薄土壤，但以疏松肥沃、排水良好、略含石灰质的壤土为好；遇干旱时花期延迟。

分布：原产地中海地区和中欧、加那列群岛至伊朗一带。

应用

花大色艳，花期长，为春季花坛常用花材，也可盆栽观赏或做切花。对二氧化硫、氟化物、硫化氢等有毒气体均有一定抗性。含芳香油，全株可入药，性辛凉，微苦，可发汗利尿、醒酒。园艺品种多为重瓣，重瓣品种有平瓣型和卷瓣型；还有适宜做切花的长花茎品种。

（7）翠菊 *Callistephus chinensis*（七月菊、江西腊、蓝菊）（图6–20）

科名：菊科

属名：翠菊属

图6–18 羽衣甘蓝

图6–19 金盏菊

图6–20 翠菊

观赏形态

花色：白色、黄色、橙色、红色、紫色、蓝色、粉色。

花形：头状花序单生枝顶，直径3～15cm。野生原种有舌状花1～2轮，栽培品种花色丰富；每朵花中央为黄色的筒状花，周围由数轮舌状花组成。

花期：春、秋季。

叶形：叶互生，叶缘有粗锯齿。上部叶无柄，匙形；下部叶有柄，阔卵形或三角状卵形。

叶色：绿色。

株高：20～100cm。

习性与分布

习性：耐寒性不强，不喜酷热；喜阳光充足的环境；喜肥沃、湿润、排水良好的砂质土壤，忌涝；浅根性。

分布：原产于我国东北、华北以及四川、云南各地。

应用

品种多，类型丰富，花期长，花色多样、鲜艳，是园林中重要的花卉。高型品种主要用作切花，水养持久，也作背景花卉；中型品种适用于花坛、花境；矮型品种可用于花坛或作边缘材料，亦可盆栽，是氯气、氟化氢、二氧化硫的监测植物。花、叶均可入药，性平，味甘，具清热、凉血之效。

（8）石竹　*Dinthus chienesis*

科名：石竹科

属名：石竹属

观赏形态

花色：白色、红色、粉色、粉红色、紫红色。

花形：花单生或数朵呈聚伞花序，花径约3cm，苞片4～6个，萼筒上有条纹，花瓣5枚，先端齿裂或羽裂。

花期：春季。

叶形：单叶对生，线性披针状，长达8cm，基部抱茎，开花时基部叶常枯萎。

叶色：灰绿色或蓝绿色。

株高：5～50cm。

习性与分布

习性：耐寒性强，特别在土壤不太湿润的条件下尤为显著；要求干燥、通风凉爽的环境；喜阳光充足，不耐阴，不耐酷暑；喜排水良好、含石灰质的肥沃土壤，忌潮湿水涝，耐干旱瘠薄。

分布：原产于地中海地区；现大部分用于园林观赏，分布于欧洲、亚洲和非洲；在我国东北、西北至长江流域山野均有分布。

应用

花朵繁密，花色丰富，色泽艳丽，花期长；叶似竹叶，青翠，柔中有刚。可用于花坛、花境和镶边布置；也可布置岩石园。花茎挺拔，水养持久，是优良的切花。全草可入药，有清热利尿功效。园林中常见的品种有锦团石竹、须苞石竹（图6-21）、石竹梅。

（9）花菱草　*Eschscholtzia californica*（金英花、人参花）（图6-22）

科名：罂粟科

属名：花菱草属

图6-21　须苞石竹

图6-22　花菱草

观赏形态

花色：黄色、乳白色、橙色、粉色、橘红色。

花形：花单生枝顶，具长梗。花瓣4枚，金黄色，十分光亮，外缘波皱；花径5～7cm；花朵在阳光下开放，阴天或夜晚闭合。

花期：5月至7月。

叶形：全株被白粉，呈灰绿色，株形稍铺散，叶基生为主，少量茎上有互生叶，羽状细裂，裂片线形至长圆形。

株高：25～60cm。

习性与分布

习性：喜冷凉干燥气候，不耐湿热，在炎热的夏季处于半休眠状态，常枯死，秋后萌发，耐寒；肉质直根，怕涝，宜排水良好、深厚疏松的土壤种植；喜阳光充足；能大量自播繁衍。

分布：原产于美国加利福尼亚州。

应用

枝叶细密，开花繁茂，花姿独特优美，花瓣有丝质光泽，舒展而轻盈，具有自然气息，是优良的花带、花境和盆栽材料。因株形比较松散，花期短，不适合花坛应用。

（10）香雪球　*Lobularia maritima*（庭芥、小白花）（图6-23）

科名：十字花科

属名：香雪球属

观赏形态

花色：白色、粉色、淡紫色、深紫色、紫红色。

花形：总状花序顶生，花序伞房状，着花繁密呈球形。

花期：6月至7月。

叶形：植株矮小，茎叶纤细，分枝多；叶互生，线形或披针形。

叶色：灰绿色。

株高：15～25cm。

习性与分布

习性：喜冷凉干燥气候，稍耐寒，忌酷暑；喜阳光，亦稍耐阴；对土壤要求不严，耐干旱瘠薄，忌涝渍，耐海边盐碱空气；能自播繁殖。

分布：原产于地中海地区及加那列群岛，世界各地均有栽培。

应用

植株低矮匍匐地面，盛花时一片晶莹洁白，花质细腻，芳香而清雅，非常美丽，是优美的岩石园花卉，也是花坛（尤其是模纹花坛）及花坛镶边、花境边缘布置的优秀花卉。可做小面积地被，也可盆栽观赏。

（11）虞美人　*Papaver rhoeas*（苞米罂粟、蝴蝶满园春）（图6-24）

科名：罂粟科

属名：罂粟属

观赏形态

花色：红色、粉红色、淡黄色、紫红色、朱红色、白色、黄色、橙色、花边及复色。

花形：花单生，花瓣4枚近圆形，有半重瓣与重瓣品种。花径5～6cm，花梗细长，高出叶面，顶生花蕾初时下垂，后渐渐抬头，绽放出各色浅杯状花冠。

花期：4月至6月。

叶形：叶互生，羽状深裂，裂片披针形，具粗锯齿，质感柔中有刚。

叶色：鲜绿色。

株高：30～60cm。

习性与分布

习性：喜冷凉，忌高温；对土壤要求不严。多作二年生栽培，生长发育适温5～25℃。在春、夏温度高地区，花期缩短。昼夜温差大，尤其夜温低，有利于生长开花。在我国夏季凉爽的兰州、西宁、华南高海拔地区生长良好，

图6-23　香雪球

图6-24　虞美人

花色更艳丽。

分布：原产于欧洲中部及亚洲东北部，分布于我国西北部至东北部地区。

应用

花色艳丽，姿态飘逸，是春季美化花坛、花境以及庭院的优良草花，也可盆栽或做切花。单花2～3d就凋落，尤其重瓣品种花期更短。但同株上花蕾极多，此凋彼开，具有很长的观赏期。为延长花期，气候合适地区可分期播种，只是播种过晚，植株矮小，着花少。做切花时，须在花蕾半开时采切，及时插入温水，防止乳汁外流过多，而造成花枝很快萎蔫，花朵不开放。其乳汁有镇咳、镇痛、止泻功效，其根也可入药。花瓣还可榨汁，用作食品染料。

6.2　宿根花卉

6.2.1　概述

宿根花卉是指地下部分器官形态未变态成球状或块状的多年生草本观赏植物。其中一些种类多年生长后基部会有些木质化，上部仍然呈柔弱的草质状，可以称为亚灌木，但还归于宿根花卉，如菊花。宿根花卉一般可以分为两类。

1）耐寒性宿根花卉

冬天地上部分（茎、叶）全部枯死，地下部分进入休眠状态。主要是原产温带寒冷地带的植物，如菊花、风铃草、桔梗。

2）常绿性宿根花卉

冬季地上部分仍为绿色，但温度低时停止生长，呈现半休眠状态，温度适宜则休眠不明显，或生长较慢。主要原产于热带、亚热带或暖温带，如竹芋、麦冬、冷水花。

6.2.2　繁殖与栽培要点

1）繁殖要点

宿根花卉以营养繁殖为主，方法主要是分株、扦插等，分株为常用的方法。春季开花的种类应在秋末进行分株，如芍药、荷包牡丹；而夏、秋季开花的种类宜在早春萌动前进行分株，如桔梗、萱草等。此外，还可以用分蘖、走茎、匍匐茎等进行繁殖。

2）栽培要点

园林应用中一般采用培育苗，小苗多在圃地中进行培育，培育工作要精细，栽培管理同一二年生花卉，定植后要粗放管理。主要工作如下：

宿根花卉具有根系发达等特点，整地时土壤深度为40～50cm，同时要施有机肥作为基肥。栽植深度要得当，一般根颈与地面齐平。栽后灌1～2次水，之后见干浇水。

如要使花卉生长繁茂，可以在生长期追肥，亦可在春季发芽前，对花卉进行施肥，或秋末地上部分枯萎后追肥。

对不耐寒的种类应移入温室进行栽培；对耐寒性较弱的种类，入冬后要培土或覆盖过冬；对生长几年后出现衰弱、开花不良的种类，可以结合繁殖进行更新，剪除老根、烂根，重新分株繁殖；对生长快、萌发力强的种类要适时分株；对有自播繁衍能力的花卉要控制其生长面积，以保持良好的景观。

6.2.3　主要种类

1）耧斗菜　*Aquilegia viridiflora*（血见愁、猫爪花、白果兰）（图6-25）

科名：毛茛科

属名：耧斗菜属

观赏形态

花色：堇紫色、紫红色、黄色、复色。

花形：花顶生，花形独特；萼片花瓣状；花瓣基部成长距，直生或弯曲，从花萼间伸向后方；花大但不失轻盈。

花期：5月至7月。

叶形：二至三回三出复叶，小叶深裂。

叶色：灰绿色至绿褐色。

株高：50～120cm。

习性与分布

习性：性强健，耐寒，华北和华东可露地过冬，忌酷暑；喜半阴；喜肥沃、湿润、排水好的土壤，忌干燥。

分布：分布于北温带，我国有8种，产于西南及北部地区。

应用

种和品种繁多，是重要的春季园林花卉。植株高矮适中，叶形优美，花形奇特，是花境中的好材料。丛植、片植在林缘、疏林和山地草坡，可以形成美丽的自然景观，表现群体美，大量使用非常壮观。可用于岩石园，也是切花的好材料。

2）荷兰菊　*Aster novi-belgii*（柳叶菊、寒菊）（图6-26）

科名：菊科

属名：紫菀属

观赏形态

花色：浅蓝、蓝、紫红、粉白等色。

花形：头状花序单生。

花期：8月至10月。

叶形：叶片椭圆形。

叶色：暗绿色。

株高：50～100cm。

习性与分布

习性：耐寒性强，在我国东北地区可露地越冬。喜温暖湿润和阳光充足环境。也耐炎热，宜肥沃、排水良好的砂壤土或腐叶土种植。

分布：北美。

应用

荷兰菊适于盆栽室内观赏和布置花坛、花境等，更适合作花篮、插花的配花。

3）矢车菊 *Centaurea cyanus*（蓝芙蓉、车轮花）（图6-27）

科名：菊科

属名：矢车菊属

观赏形态

花色：蓝色、白色、红色或紫色。

花形：头状花序具长梗，单生或为圆锥状，全部为管状花，边缘花通常发达或呈放射状，先端5裂；多不孕。

花期：7月至10月。

叶形：叶互生，全缘或羽状浅裂。

叶色：灰绿色。

株高：30～70cm。

习性与分布

习性：喜光，依种类的不同，耐寒性有差异；不择土壤，但在肥沃、湿润的砂质壤土上生长良好。

分布：欧洲地中海沿岸、亚洲及北非。

应用

株丛秀美，花色淡雅，质地柔软，观赏价值高，是园林中的优良花卉。高型种植株挺拔，花梗长，适于做切花，也可作花境材料。矮型株仅高20cm，可用于花坛、草地镶边或盆花观赏。做切花时水养持久。

4）菊花 *Dendranthema morifolium*（鞠、秋菊）（图6-28）

科名：菊科

属名：菊属

观赏形态

花色：白色、粉红色、玫瑰红色、紫红色、墨红色、淡黄色、黄色、淡绿色。

花形：花梗高出叶面，顶生头状花序；微香；花瓣有平、管、匙形；花型多样。

花期：全年。

叶形：叶互生，羽状浅裂或深裂；叶缘有锯齿，背面有毛；其大小、形状因品种变化很大。

叶色：绿色。

株高：20～150cm。

图6-25 耧斗菜

图6-26 荷兰菊

图6-27 矢车菊

图6-28 菊花

种类与品种

种的起源：菊属共约30个种，在我国分布的有17个左右，有菊花、毛华菊（*D.vestitum*）、紫花野菊（*D.zawadskii*）、野菊（*D.indicum*）、小红菊（*D.chanetii*）、甘野菊（*D.lavandulifolium*）等。陈俊愉教授认为现代菊花的原始种是由多个野生种经天然杂交，并经长期人工选择而成的。主要亲本有毛华菊、紫花野菊、野菊等，染色体数为36～75不等。

品种分类：菊花品种丰富，全世界有2万～2.5万种，我国现存3000种以上，常采用以下分类方式：

（1）依开花特性分类

按自然花期分类：春菊（4月下旬至5月下旬）、夏菊（6月上旬至8月中下旬）、早秋菊（9月上旬至10月上旬）、秋菊（10月中下旬至11月下旬）和寒菊（12月上旬至翌年1月）。

按开花对日长的反应分类：欧美栽培的品种一般为短日型，根据短日开始到开花需要的周数（通常需要6~15周）划分品种类型，分别称为6周品种、7周品种……15周品种。

按开花对温度的反应分类：Cathy（1954年）将品种分为三类。对温度不敏感的品种（Thermozero Cultivars），10～27℃之间的温度对开花没有明显抑制，15.5℃时开花最佳，这类品种适合周年生产。对低夜温敏感的品种（Thermonpositive Cultivars），温度在15.5℃以下时开花受抑制，这类品种维持适宜温度可以周年产花。对高夜温敏感的品种（Thermonegative Cultivars），温度在15.5℃以上时开花受抑制，低于10℃时延迟开花，这类品种只能在夜温15.5℃或略低于此温度的地方栽培。

（2）按栽培和应用方式分类

盆栽菊，普通盆栽菊按培养枝数不同分为：①独本菊，一株只开一朵花，养分集中，能充分表现品种优良的形态特征，故又称标本菊或品种菊（图6-29）；②案头菊，一株仅开一朵花，株矮，株高仅20cm左右，花朵大，常陈列在几案上欣赏；③立菊，一株着生数花，又称多头菊（图6-30）。

造型艺菊，一般也作盆栽，但常做成特殊艺术造型。包括：①大立菊，一株着花数百朵乃至数千朵以上的巨型菊花，用生长强健、分枝性强、枝条易于整形的大、中菊品种培育而成；②悬崖菊，用分枝多、开花繁密的小菊经整枝而成，呈悬垂的自然姿态；③嫁接菊，以白蒿或黄蒿为砧木嫁接的菊花，一株上可嫁接不同花型及花色的品种，常做成塔状或各种动物造型等，故又称塔菊或什锦菊；④菊艺盆景，由菊花制作的桩景或菊石相配的盆景（图6-31）。

切花菊，供剪切下来插花或制作花束、花篮、花圈等的菊花的品种。此类品种多花型圆整，花色纯一，花颈短而粗壮，枝干高，叶挺直。切花菊按整枝方式有标准菊与射散菊两种。标准菊每茎顶端着生一朵花，常用大、中花品种；射散菊每茎着花多朵，常用小花型品种。

花坛菊，布置花坛及岩石园的菊花，常用株矮枝密的多头型小菊（图6-32）。

（3）按形态分类

按花径大小分类：小菊系（花序径小于6cm）、中菊系（花序径6～10cm）、大菊系（花序径10～20cm）和特大菊系（花序径20cm以上）。

按瓣型及花型分类：1982年，中国园艺学会和中国花卉盆景协会在上海召开的品种分类学术讨论会上，将秋菊中的大菊分为5个瓣类，即平瓣（图6-33）、匙瓣（图6-34）、管瓣（图6-35）、龙爪瓣（图6-36）、畸瓣，花型分为30个型和13个亚型。

习性与分布

习性：园林中栽培的庭院菊主要是中小菊，多为秋菊，喜凉爽，有一定的耐寒性；喜肥沃、排水良好的土壤，不耐涝；忌连作，喜阳光充足。

分布：原产我国。

应用

菊花是我国的传统名花，菊文化内涵丰富，被赋予高

图6-29　盆栽菊

图6-30　立菊

图6-31　菊花盆景

洁品性，为世人所称颂，是重要的秋季园林花卉。适于园林中花坛、花境、花丛花群、种植钵等应用，也是世界著名的优良盆花和切花。

5）花毛茛 *Ranunculus asiaticus*（芹菜花、波斯毛茛）（图6-37）

科名：毛茛科

属名：毛茛属

观赏形态

花色：黄色、红色、白色、橙色、紫色、栗色等。

花形：花单生枝顶或数朵生于长柄上，有丝质光泽。花有单瓣和重瓣之分。

花期：4月至5月。

根茎：地下块根纺锤形，常数个聚生于根颈部。茎单生或细分枝，具毛。

叶形：基生叶3裂，茎生叶羽状细裂，无柄。

叶色：绿色。

株高：20～50cm。

习性与分布

习性：喜阳光充足环境和冷凉气候，忌炎热，较耐寒，但在0℃时会受冻害，畏霜冻，在长江流域可以露地越冬；喜湿润，畏积水，怕干旱；要求腐殖质多、肥沃而排水良好的砂质或略黏质土壤，以中性或微碱性为宜。

分布：原产于欧洲东南部及亚洲西南部，我国各大城市均有栽培。

应用

花密集，花姿美丽，花大，色彩鲜艳夺目，单瓣花纤巧而秀雅，重瓣花艳丽而奔放。可以用于布置花坛，配置在素雅的花境中，增添活泼感。在林缘和草地上丛植，景观美丽。也可以盆栽观赏，为室内增添一抹春意。

6）萱草 *Hemerocallis fulva*（忘忧草）（图6-38）

科名：百合科

属名：萱草属

观赏形态

花色：淡白绿色、米黄色、深金黄色、粉色、深玫瑰红色、淡紫色、深雪青色。

花形：聚伞花序，花大，漏斗形，直径10cm左右；花被裂片长圆形，下部合成花被筒，上部开展而反卷，边缘波状。

花期：6月至7月。

叶形：叶基生，长带形，对排成两列，宽2.5cm。

叶色：黄绿色。

株高：60cm，花茎高可达120cm。

习性与分布

习性：性强健，耐寒，华北可露地越冬；适应性强，喜湿润也耐旱，喜阳光又耐半阴；对土壤选择性不强，但以富含腐殖质、排水良好的湿润土壤为宜。

分布：原产我国南部、欧洲南部及日本。

应用

花色鲜艳，栽培容易，且春季萌发早，绿叶成丛极为美观。园林中多丛植或于花境、路旁栽植。萱草耐半阴，又可作疏林地被植物。根茎部分可入药。

7）芍药 *Paeonia lactiflora*（将离、离草、婪尾春、犁食）（图6-39）

科名：毛茛科

属名：芍药属

观赏形态

花色：紫红色、粉红色、黄色或白色、淡绿色。

花形：花一至数朵着生于茎上部顶端，有长花梗及叶

图6-32 菊花花坛

图6-33 平瓣

图6-34 匙瓣

图6-35 管瓣

图6-36 龙爪瓣

状苞，苞片三出。

花期：5月至6月。

叶形：二回三出羽状复叶，小叶通常三深裂、椭圆形、狭卵形、披针形，近无毛。

叶色：绿色。

株高：60～120cm。

习性与分布

习性：性极耐寒，北方均可露地越冬；土质以砂质壤土为宜，利于肉质根的生长；排水必须良好，否则易引起根部腐烂；盐碱地及低洼处不宜栽种芍药；喜向阳处，稍有遮阴开花尚好。

分布：中国。

应用

芍药花大艳丽，品种丰富，在园林中常成片种植，花开时十分壮观，是公园中或花坛上的主要花卉。或沿着小径、路旁作带形栽植；或在林地边缘栽培，并配以矮生、匍匐性花卉。有时单株或二三株栽植以欣赏其特殊品型花色，更有完全以芍药构成的专类花园，称芍药园。芍药又是重要的切花，或插瓶，或做花篮，如在花蕾待放时切下，放置冷窖内，可储存数月之久。做切花用的主要为重瓣品种；单瓣品种插瓶，几天就瓣落花谢。亦可以根入药，镇痉、镇痛、通经，对妇女的腹痛、胃痉挛、眩晕、痛风等病症有效。

8）玉簪　*Hosta plantaginea*（玉春棒、白鹤花、玉泡花、白玉簪）（图6-40）

科名：百合科

属名：玉簪属

观赏形态

花色：白色、淡紫色。

花形：总状花序顶生，高于叶丛，渐渐自上而下绽放管状、漏斗状的花朵；花未开时形似头簪，洁白如玉；花柱长。

花期：7月至9月。

叶形：叶基生成丛，卵形至心状卵形，基部心形，叶脉呈弧状。

叶色：黄绿色。

株高：30cm。

习性与分布

习性：性强健，耐寒冷，喜阴湿环境；不耐强烈日光照射；要求土层深厚、排水良好且肥沃的砂质壤土。

分布：原产中国及日本等东亚国家。

应用

花或洁白如玉或淡紫温良，晶莹素雅。喜阴，可在林下片植作地被应用；无花时宽大的叶子具有很高的观赏价值。在建筑物背面种植，可以软化墙角的硬质感。白玉簪花味甘、性凉、小毒，有清咽、利尿、治痛经之功效；根叶有清热解毒、消肿止痛之功效；含芳香油，可提制芳香津膏。

9）天竺葵　*Pelargonium hortorum*（洋绣球）（图6-41）

科名：牻牛儿苗科

属名：天竺葵属

观赏形态

花色：红色、紫色、白色、粉色或复色。

花形：花冠通常5瓣，伞形花序腋生，圆球状。

花期：5月至7月。

叶形：叶掌状，有长柄，叶缘多锯齿。

叶色：绿色、黄绿色、斑叶色、紫红色。

株高：20～50cm。

习性与分布

习性：生性健壮，很少生病虫害；适应性强，各种土质下均能生长，但在富含腐殖质的砂壤土生长最佳；喜阳光，好温暖，稍耐旱，怕积水，不耐炎夏的酷暑和烈日的暴晒。

分布：原产南非。

应用

天竺葵不仅可以作为景观欣赏花卉，还可以制作成药物。

图6-37　花毛茛

图6-38　萱草（李梦成提供）

图6-39　芍药

10）宿根亚麻 *Linum perenne*（图6-42）

科名：亚麻科

属名：亚麻属

观赏形态

花色：淡蓝色。

花形：聚伞花序顶生，花小。

花期：6月至7月。

叶形：叶互生，条形至披针形，长1.5～2.0cm。

叶色：绿色。

株高：30～50cm。

习性与分布

习性：性强健，较耐寒，可露地越冬；稍耐旱，适应性强；在日照充足、排水良好的地方生长尤佳。

分布：原产于欧洲。

应用

蓝亚麻适应性较强，生长迅速，花期长，花量大，栽培管理方便。作为园林绿化花卉植物，可广泛应用于风景区、市郊游憩地、森林公园等大型园林境域的空旷地路缘、林缘、溪边、山坡上。可在不增加较多投资的情况下，美化自然景观。还可一次投入，多年使用，并兼顾保持水土功效。

6.3 球根花卉

6.3.1 概述

多年生草花中地下器官（包括根和地下茎）变态膨大的花卉总称为球根花卉。球根花卉都具有地下贮存器官，这些器官可以存活多年，有的每年更新球体，有的只是每年生长点移动，完成新老球体的交替。球根花卉有以下几种分类方式。

1）依地下变态器官的结构划分

依地下变态器官的结构不同，球根花卉可分为鳞茎、球茎、块茎、根茎、块根五类。

（1）鳞茎

地下变态茎。茎极度短缩，成为扁盘状的鳞茎盘；鳞茎盘上生不定根，大部分叶变成肥厚多肉的鳞片，着生在鳞茎盘上。鳞茎中贮藏丰富的有机物质和水分，借以度过气候条件不利的时期。鳞茎又可分为两种类型：有皮鳞茎，鳞茎外面有干皮或膜质皮包被，大多数鳞茎为此类，如水仙、郁金香、风信子、朱顶红等；无皮鳞茎，鳞茎外面无包被，种类较少，常见的如百合。

鳞茎的顶芽常抽生真叶和花序。有的鳞茎本身只存活1年，如郁金香、球根鸢尾、大百合等，地上生长的同时，地下老鳞茎下面或旁边有新的鳞茎产生，新球数量依种和品种不同而异。大多数鳞茎本身可以存活多年，鳞叶之间发生腋芽，每年由腋芽形成一至数个子鳞茎，最终从老鳞茎中分离出来，可用来繁殖，如水仙、百合、朱顶红等。还可以利用鳞叶扦插加速繁殖，这种方法在百合的繁殖中已广泛应用。

（2）球茎

地下变态茎。茎短缩肥厚近球状，基部为茎盘状，从此处萌发不定根，球茎上有节、退化的膜质叶片及侧芽。球茎贮藏一定的营养物质，借以度过气候条件不利的时期，如唐菖蒲、小苍兰、狒狒花、番红花、慈菇。

球茎顶部抽生真叶和花序，发育开花后，养分耗尽则球茎萎缩。球茎上的叶丛基部膨大，形成新球，新球旁边产生子球，数量因种或品种而异。将新球及小球分离开另行栽植，可实现繁殖目的。为加快繁殖也可以把球茎分切成数块，每块带芽，另行栽植。

（3）块茎

地下变态茎。茎肥厚，外形不一，多近于块状。根系自块茎底部发生，块茎顶端通常具几个发芽点，表面也分布一些芽眼可生侧芽。块茎贮藏一定的营养物质，借以度过气候条件不利的时期，如仙客来、球根海棠、白头翁、马蹄莲。

块茎上的芽发育成地上部分，地下部分可以存活多年。有些花卉块茎不断增大，其中一部分逐渐衰老，衰老部分的芽萌发率降低或不萌发，如马蹄莲；有时块茎

图6-40　玉簪

图6-41　天竺葵

图6-42　宿根亚麻

生长多年后开花不良，需要淘汰后重新繁殖。有些花卉不能自然分生块茎或分生能力很差，需借助人工分割，如仙客来；但分割的块茎外形不整齐，有碍观瞻，故园艺上少用。块茎花卉大多容易获得种子，因此常采用播种繁殖。

（4）根茎

地下变态茎。茎明显膨大，呈根状，稍呈蔓性水平状。地下茎的先端生芽，下方生根。根茎内部贮存养分，如美人蕉、蕉藕、荷花、睡莲等，这类花卉里有些种类根茎膨大不特别明显。根茎的管理与宿根花卉相似，在栽培时也归为宿根花卉，如鸢尾类等。

根茎顶端的芽发育成地上部分。地下部分不断伸长，并形成地下“侧枝”，“侧枝”顶端的芽萌发出土面又可以形成新株。“侧枝”足够粗壮，能满足养分要求时，其形成的新株也可开花。逐渐衰老的地下部分萌芽力降低，到没有新芽产生时自然枯萎。

（5）块根

变态的根。根明显膨大，外形同块茎。有不定根，但上面没有芽，主要贮存营养，如大丽花、花毛茛。这类球根花卉的地下变态根新老逐渐交替，呈多年生状。由于根上无芽，繁殖时必须保留原地上茎的基部（根茎）。

2）依适宜的栽植时间划分

大多数球根花卉都有休眠期，休眠期根据原产地的气候条件，主要是雨季的不同而相异。有少数原产于热带的球根花卉没有休眠期；但在其他地方栽培，有强迫休眠现象，如美人蕉、晚香玉等。

（1）春植球根花卉

春季栽植，夏、秋季开花，冬季休眠。花芽分化一般在夏季生长期进行，如大丽花、唐菖蒲、美人蕉、晚香玉等。

（2）秋植球根花卉

秋季栽植，在原产地秋、冬季生长，春季开花，炎夏休眠。在冬季寒冷地区，冬季强迫休眠，春季生长开花。花芽分化一般在夏季休眠期进行，如水仙、郁金香、风信子、花毛茛等；也有少数种类花芽分化在生长期进行，如百合类。

6.3.2 繁殖栽培要点

1）繁殖要点

球根花卉主要采用分球繁殖，可以分栽自然增殖球或人工增殖球。自然增殖力差的块茎类花卉主要是播种繁殖；也可依花卉种类不同，采用鳞片扦插、分珠芽等方法繁殖。

一般在采收后，把自然产生的新球依球的大小分开贮存，在适宜种植时间种植即可。也有个别种类需要在种植前再分开老球与新球，以防伤口感病。

2）栽培要点

园林中一般球根花卉栽培过程：整地→施肥→种植球根→常规管理→采收→贮存。

（1）整地

深耕土壤40～50cm，在土壤中施足基肥。磷肥对球根花卉很重要，可在基肥中加入骨粉。排水差的地段，在30cm土层下加粗砂砾（可占土壤的$\frac{1}{3}$）或采用抬高种植床的办法以提高排水力。点植种球时，在种植穴中撒一层骨粉，铺一层粗砂，然后铺一层壤土。种植钵或盆可将泥炭、粗砂砾、壤土按2：3：2比例混合，按5g/L的量加入基肥和1.4g/L的量加园艺石灰作基质。

（2）施肥

球根花卉喜磷肥，对钾肥需求量中等，对氮肥要求较少，追肥时注意肥料比例。

（3）球根栽植深度

球根栽植深度取决于花卉种类、土壤质地和种植目的。大多数球根花卉栽植深度是球高的2～3倍，间距是球根直径的2～3倍；如朱顶红、仙客来要浅栽，要求顶部露出土面；晚香玉、葱兰覆土至顶部即可；而百合类则要深栽，栽植深度为球高的4倍以上。相同的花卉，土壤疏松宜深栽，土壤黏重宜浅栽；观花宜浅栽，养球宜深栽。

（4）常规管理

注意保根保叶。球根花卉常常是一次性发根，在生长期尽量不要移栽；发叶量较少，要尽量保护叶片。花后剪去残花，利于养球，也利于次年开花。花后浇水量逐渐减少，但此时是地下器官膨大时期，仍需注意肥水管理。

（5）采收

依当地气候，有些种类需要年年采收，有的可以隔几年掘起分栽。年年采收并对球分级，可使开花整齐一致。而隔年采收时，由于地下球根大小不一，开花大小和早晚也有不同，栽植效果比较自然。园林中水仙可隔5～6年采收；番红花、石蒜及百合可隔3～4年采收；美人蕉、朱顶红、晚香玉等可隔3～4年分栽一次。

采收应在生长停止、茎叶枯黄但尚未脱落时进行。采收过早，球根不够充实；过晚，茎叶脱落，不易确定球根所在的地下的位置。采收时，土壤宜湿润。掘起球根后，大多数种类不可在炎日下暴晒，需要阴干，然后贮存。大丽花、美人蕉只需阴干至外皮干燥即可，不可过干。

（6）贮存

贮存的球根要保证无病虫、干净，可用药剂浸泡消毒、晾干后贮存。

①球根贮存

球根贮存主要有干存和湿存两种方式。

湿存：适用于对通风要求不高、需要保持一定湿度的种类，可以埋在沙子或锯末中，保持潮湿状。块根、根茎、块茎类球根花卉中许多种类需要湿存，如大丽花、美人蕉、蕉藕、大岩桐等。无皮鳞茎，如百合类，和少数有皮鳞茎，如玉帘属、雪滴花属，也要湿存。

干存：适用于要求通风良好、充分干燥的球根，可以使用悬挂网兜、多层架子（层间距至少30cm，以使球根通风良好）贮存。球茎类花卉一般都可干存，如小苍兰、唐菖蒲。鳞茎类的大多数花卉也可以干燥贮存，如水仙、郁金香、晚香玉、球根鸢尾等。少数块根，如花毛茛、银莲花、马蹄莲等也需要干存。

②贮存环境条件

贮存场所要干净，防止病虫害发生，避免老鼠啃食。冬季贮存春植球根，环境温度应不低于0℃或高于10℃；不同的球根花卉对温度的具体要求不同，但一般可保持在4~5℃，不可闷湿。夏季贮存秋植球根，应尽量保持凉爽和高燥的环境，避免闷热和潮湿。

6.3.3　主要种类

1）唐菖蒲　*Gladiolus grandbavensis*（菖兰、剑兰、扁竹莲、十样锦）（图6-43）

科名：鸢尾科

属名：唐菖蒲属

观赏形态

花色：红色、黄色、白色、紫色、蓝色等深浅不同的单色或复色，具斑点、条纹或呈波状、褶皱状。

花形：花茎自叶丛中抽出，蝎尾状聚伞花序顶生，着花12~24朵，排成两列，侧向一边，少数为四面着花；每朵花生于草质佛焰苞内，无梗；左右对称；花冠筒呈膨大的漏斗形，稍向上弯，花径12~16cm；花朵硕大，质薄如绸似绢，娇嫩可爱，花瓣边缘有褶皱或波状等变化。

花期：夏秋，人工调控下可周年开花。

根茎：地下具球茎。

叶形：基生叶剑形，互生成两列；叶长40cm，宽4~5cm；有多条显著平行脉。

叶色：草绿色。

株高：40~60cm。

习性与分布

习性：唐菖蒲是喜光性长日照植物；喜冬季温暖、夏季凉爽的气候；忌寒冻，不耐过度炎热；球茎在4~5℃条件下即萌动，20~25℃生长最好；喜肥沃深厚的砂质土壤，要求排水良好，不宜在黏重土壤或易有水涝处栽种。

分布：原产于地中海沿岸、非洲热带地区。南非好望角分布最多，为世界上唐菖蒲野生种的分布中心。现其栽培品种广布世界各地。

应用

唐菖蒲是园林中常见的球根花卉之一。花茎挺拔修长，着花多，花期长，花形变化多，花色艳丽多彩，人工调控下可四季开花，是花境中优良的竖线条花卉，也可用于专类园。同时也为重要的鲜切花，可做花篮、花束、瓶插等，矮生品种可盆栽观赏。又因其对氟化氢非常敏感，还可用作监测污染的指示植物。球茎可入药，茎叶可提取维生素C。

2）美人蕉　*Canna indica*（兰蕉、昙华）（图6-44）

科名：美人蕉科

属名：美人蕉属

观赏形态

花色：乳白色、鲜黄色、橙黄色、橘红色、粉红色、大红色、紫红色及复色斑点等。

花形：总花梗长，总状花序，小花大，色彩丰富；花瓣萼片状，艳丽的花瓣实际是瓣化的雄蕊；花萼、花瓣被白粉。

图6-43　唐菖蒲（宁惠娟提供）

图6-44　美人蕉

花期：北方6月至10月；南方全年。

根茎：地下为根茎，地上茎是由叶鞘互相抱合而成的假茎，丛生状，外被一层蜡质白粉。

叶形：叶片较大，阔椭圆形，全缘，长40cm左右，宽20cm左右。

叶色：绿色、暗红色、杂色。

株高：70～300cm。

习性与分布

习性：喜温暖湿润和阳光充足的环境，不耐寒，在全年温度高于16℃的地区，可全年开花；在低于16℃的环境中，地上部分生长缓慢，直至休眠；喜光，耐半阴；性强健，适应性强，几乎不择土壤，但以深厚、肥沃、疏松、排水良好的土壤为宜；生长季节要经常施肥。

分布：原产于美洲、亚洲及非洲热带地区，我国大部分地区都有栽植。

应用

花大色艳，茎叶繁茂，花期长。开花时正值炎热少花的季节，在园林中应用极为普遍。叶丛高大、浓绿，花色艳丽，宜作花境背景或在花坛中心栽植，也可丛植于草坪边缘或绿篱前，展现其群体美。还可用于基础栽植，遮挡建筑死角，柔化刚硬的建筑线条。矮生品种可作阳性地被或斜坡地被，亦可作盆栽欣赏。它还是净化空气的好材料，对有害气体的抗性较强，可用于工矿区绿化。根状茎及花可入药，性凉，味甘、淡，清热利湿，安神降压。

3）大丽花 *Dahlia pinnata*（大理花、天竺牡丹、东洋菊）（图6-45）

科名：菊科

属名：大丽花属

观赏形态

花色：红色、黄色、橙色、紫色、白色及复色等。

花形：头状花序顶生，中央有无数黄色的管状小花，边缘是长而卷曲的舌状花。

花期：6月至10月。

根茎：地下为粗壮的块根，茎较粗，多直立、平滑、中空。

叶形：叶对生，一至二回羽状复叶，边缘具粗钝锯齿。

叶色：绿色。

株高：15～150cm。

习性与分布

习性：喜光，但阳光又不宜过强；喜凉爽，既不耐寒，又畏酷暑，在夏季气候凉爽、昼夜温差大的地方，生长开花尤佳；以富含腐殖质和排水良好的砂质壤土为宜。

分布：原产墨西哥、危地马拉及哥伦比亚一带，在我国各地有栽培，其中以东北地区最多。

应用

大丽花以富丽华贵取胜，花色艳丽，花形多变，品种极其丰富，是重要的夏秋季园林花卉，尤其适用于花境或庭前丛植。矮生品种可作盆栽或花坛使用，高型品种宜做切花。花朵可用于制作切花、花篮、花环等。块根含有菊糖，医药效用上同葡萄糖相似。全株可入药，有清热解毒的功效。

4）朱顶红 *Hippeastrum rutilum*（百枝莲、朱顶兰、孤挺花）（图6-46）

科名：石蒜科

属名：朱顶红属

图6-45　大丽花（刘志高提供）

图6-46　朱顶红

观赏形态

花色：花色艳丽，有大红、玫红、橙红、淡红、白、蓝紫、绿、粉中带白、红中带黄等色，其花色除纯蓝、纯黑、纯绿外已经可以覆盖色谱中其余的所有颜色。

花形：花茎自叶丛外侧抽出，粗壮而中空，扁圆柱形，被有白粉；伞形花序，顶端着花2～6朵，花喇叭形。

花期：春、冬（温室）。

根茎：鳞茎卵状球形。

叶形：叶二列状着生，略肉质。叶片两侧对生，带状，先端渐尖，6～8枚，叶深绿色。

株高：30～60cm。

习性与分布

习性：喜温暖湿润、阳光不过于强烈的环境，稍耐寒，生长适温为18～25℃；忌酷热，阳光不宜过于强烈，应置荫棚下养护；怕水涝；冬季休眠期，要求冷凉的气候，以10～12℃为宜，不得低于5℃；喜富含腐殖质、排水良好的砂壤土。在我国云南地区可全年露地栽培，华东地区稍加覆盖便可越冬，而华北地区仅作温室盆栽。

图6-47　水仙

图6-48　风信子

分布：原产秘鲁和巴西一带，现在各国均广泛栽培。

应用

朱顶红叶厚、有光泽，花色柔和艳丽，花朵硕大肥厚，壮丽悦目，适用作盆栽陈设于客厅、书房和窗台。园林中可用于花境、丛植。其茎干较长，还可用作切花。

5）水仙　*Narcissus tazetta* var. *chinensis*（图6-47）

科名：石蒜科

属名：水仙属

观赏形态

花色：白色、黄色、晕红色。

花形：花单生或数朵呈伞房花序着生于花茎端部，着花4～6朵，多者达10余朵；下具膜质总苞；花茎直立；花被片6，花被中央有杯状或喇叭状的副冠。

花期：春季。

根茎：地下具肥大的鳞茎，卵圆形，大小因种而异。

叶形：叶基生，多数种类互生二列状，叶狭长带状，长30～40cm，宽1.5～4cm，全缘，面上有白粉。

叶色：绿色或灰绿色。

株高：20～50cm。

习性与分布

习性：喜温暖、湿润及阳光充足的地方，尤以冬无严寒、夏无酷暑、春秋多雨的环境最为适宜，但多数种类也耐寒，在我国华北地区不须保护即可露地越冬。对土壤要求不严格，但以疏松肥沃、湿润而排水良好的黏质土壤为最好，以中性和微酸性土壤为宜。

分布：主要原产于北非、中欧及地中海沿岸。其中法国水仙分布最广，自地中海沿岸一直延伸到亚洲。

应用

水仙植株低矮，花朵秀丽，花色淡雅，叶片青翠，花香扑鼻，清秀典雅，是世界上有名的冬季室内和花园里陈设的花卉之一，也是早春重要的园林花卉。可以用于花坛、花境，尤其适合片植。适应性强的种类，一经种植，可多年开花，不必每年掘起，是很好的地被花卉。水仙也可以水养，将其摆放在书房或几案上，严冬中散发淡淡清香，令人心旷神怡，也可以用作切花。以鳞茎入药，清热解毒，散结消肿。可用于治疗腮腺炎，缓解痈疖疔毒初起红肿热痛。园林中常用的种类有中国水仙、喇叭水仙、明星水仙、丁香水仙、红口水仙等。

6）风信子　*Hyacinthus orientalis*（洋水仙、五色水仙、时样锦）（图6-48）

科名：天门冬科

属名：风信子属

观赏形态

花色：白色、红色、绯红色、蓝色、紫色、黄色、粉色。

花形：总状花序顶生，小花密生在花茎上部，着花5～20朵；花钟状，横向或下倾，花被筒长，基部膨大，裂片长圆形向外反卷，整个花序看起来充实而丰盈。

花期：3月至5月。

根茎：鳞茎球形或扁球形，具有光泽的皮膜，常与花色相关。

叶形：叶基生，4～8枚，带状披针形，肉质，上有凹沟，绿色有光泽。

叶色：绿色。

株高：30～50cm。

习性与分布

习性：喜冬季温暖湿润、夏季凉爽稍干燥、阳光充足或半阴的环境，较耐寒；喜肥，宜用肥沃、排水良好的砂壤土；忌过湿或黏重的土壤。

分布：原产南欧地中海东部沿岸及小亚细亚半岛一带，栽培品种极多。现在世界上荷兰栽培最多，和郁金香一样为其重要的外贸商品，我国各地均有栽培。

应用

风信子是重要的秋植球根花卉。植株低矮而整齐，花期早，花色艳丽，花朵繁茂，是春季布置花境、花坛的优良材料。可以在草地边缘种植成丛成片的风信子，丰富色彩。还可以盆栽欣赏或和水仙一样用水养。具体方法是将其球茎置于小口的锥形玻璃瓶上，让它的根刚好触及水面，这样既可以欣赏它开花后的风姿，还可以观察它的根的动态，它是优良的室内和花园装饰花卉。高型品种可以做切花。

7）百合　*Lilium brownii*（强瞿、番韭、山丹、倒仙）（图6–49）

科名：百合科

属名：百合属

观赏形态

花色：除蓝色以外的各种颜色，有复色。

花形：花着生于茎杆顶端，呈总状花序；簇生或单生；花冠较大，花筒较长，呈漏斗形喇叭状；六裂，无萼片；因茎杆纤细，花朵大，开放时常下垂或平伸。

花期：一般自5月下旬至10月。

根茎：地下具鳞茎，外无皮膜，由多数的鳞片抱合而成。大多数种类地下有基生根和茎生根，前者为正常根系，后者在鳞茎抽出的地下茎上发出，地上茎直立。

叶形：单叶，互生或轮生，狭线形，无叶柄，直接包生于茎杆上，叶脉平行。

叶色：草绿色。

株高：50～150cm。

习性与分布

习性：性喜湿润、光照；要求肥沃、富含腐殖质、土层深厚、排水性极为良好的砂质土壤；多数品种宜在微酸性至中性土壤中生长；忌连作。

分布：主要分布在中国、日本、北美洲和欧洲等温带地区。我国是世界百合的分布中心，约有55种，其中以西南地区和华中地区为多，很多具有观赏价值。

应用

百合花姿优雅，叶子青翠娟秀，茎干亭亭玉立，花色鲜艳，是做盆栽、切花和点缀庭院的名贵花卉。在园林中，适合布置成专类花园。高大的品种是花境中独特的优良花材；中高类还可以于稀疏林下或空地上片植或丛植；低矮的种类则适合做切花。百合类中大多鳞茎可食用，有的还可入药，为滋补上品。园林中著名的种类有天香百合、山丹、川百合、卷丹、麝香百合、王百合等。

8）郁金香　*Tulipa gesneriana*（洋荷花、草麝香、郁香）（图6–50）

科名：百合科

属名：郁金香属

观赏形态

花色：白色、粉红色、洋红色、紫色、褐色、黄色、橙色等，深浅不一，单色或复色。

图6–49　百合

图6–50　郁金香

花形：花单生茎顶，大型，直立，杯状，基部常黑紫色；花被片6，离生。

花期：3月至5月。花白天开放，傍晚或阴雨天闭合。

根茎：地下具鳞茎，茎光滑，被白粉。

叶形：叶3～5枚，带状披针形至卵状披针形，全缘并呈波状，常有毛。

叶色：深绿色。

株高：30～50cm。

习性与分布

习性：长日照花卉。喜向阳、避风环境，喜冬季温暖湿润、夏季凉爽干燥的气候。生长适温18～22℃，花芽分化温度17～23℃，8℃以上即可正常生长，一般可耐-14℃低温。耐寒性很强，在严寒地区如有厚雪覆盖，鳞茎就可在露地越冬；但怕酷暑，如果夏天来得早，盛夏又很炎热，则鳞茎休眠后难以度夏。要求腐殖质丰富、疏松肥沃、排水良好的微酸性砂质壤土，忌碱土及连作。

分布：原产伊朗和土耳其高山地带。我国约产10种，主要分布在新疆，现世界各国栽培的郁金香是高度杂交的园艺品种。

应用

郁金香为花中皇后，是重要的春季球根花卉。它花形高雅，花色丰富，开花非常整齐，令人陶醉。既是优秀的花境、花坛花卉，丛植草坪、林缘、灌木间、小溪边、岩石旁都很美丽；也是种植钵的美丽花卉；还是切花的优良材料及早春重要的盆花。

6.4 水生花卉

6.4.1 概述

园林水生花卉指生长于水体中、沼泽地、湿地上，观赏价值较高的花卉，包括一年生花卉、宿根花卉、球根花卉。

1）类型（见第二讲花卉的类型）

2）园林应用特点

①水生花卉是园林水体周围及水中植物造景的重要花卉。

②水生花卉是花卉专类园——水生园的主要材料。

③水生花卉常栽植于湖岸、各种水体中作为主景或配景，在规则式水池中常常作主景。

3）生态习性

世界各地都有分布。由于水生花卉的生态环境变化没有陆地剧烈，因此同一种花卉分布的地域常常较广。

（1）对温度的要求

园林水生花卉对温度的要求因原产地不同而有很大的差异。睡莲的耐寒种类可以在西伯利亚露地生长；而王莲生长适温40℃，在我国大部分地区不能露地过冬，需要在温室中栽培。

（2）对光照的要求

园林水生花卉要求阳光充足。

（3）对土壤的要求

园林水生花卉喜黏质土壤，池底有丰富的腐殖质。

（4）对水分的要求

园林水生花卉要求水深不同。生长于水体内的挺水和浮水花卉的种和品种一般要求40～100cm的水深；近沼生习性的花卉20～30cm水深即可；湿生花卉只适宜种在岸边潮湿地。水体的轻微流动，对花卉生长有益，可以为其提供更多的氧气。

6.4.2 繁殖与栽培要点

1）繁殖要点

大多数水生花卉是多年生花卉，因此主要繁殖方式为分生繁殖，即分株或分球。一般在春季开始萌动前进行，适应性强的种类初夏亦可分栽。

播种繁殖一般是种子随采随播。还可以扦插繁殖，方法同宿根花卉。

（1）盆播

种子播于培养土中，上面覆土或细沙，然后浸入水池或水槽中，保持0.5cm水层，然后随种子萌发进程而逐渐增加水深。出苗后再分苗、定植。

（2）直播

在夏季高温季节，把种子裹上泥土沉入水中，条件适宜则可萌发生长。

2）栽培要点

（1）土壤和养分管理

选用池底有含丰富腐烂草的黏质土壤的水体。地栽种类主要靠基肥解决养分问题。新挖的池塘缺少有机质，需施入大量有机肥。盆栽也以富含腐殖质的泥塘土为一般栽培用土，使土壤为黏质壤土。

（2）种植深度要适宜

不同的水生花卉对水深的要求不同。同一种花卉对水深的要求一般随着生长进程不断加深，旺盛生长期达到最深水位。

（3）越冬管理

耐寒种类直接栽植在池中或水边，休眠期对水深浅要求不严，冬季不需要特殊保护。半耐寒种类直接种在水中，初冬结冰前提高水位，使花卉根系在冰冻层下过冬；

盆栽沉入水中的，入冬前取出，倒掉积水，连盆一起放在冷室中过冬，保持土壤湿润即可。不耐寒种类要盆栽，冬天移入温室过冬。特别不耐寒的种类，大部分时间要在温室中栽培；夏季温暖时可以放在室外水体中观赏。

（4）水质要清洁

水生植物对水体的净化能力是有限的，清洁的水体有益于水生花卉的生长发育。水体不流动时，藻类增多、水浑浊，小面积可以使用硫酸铜，分小袋悬挂在水中，用量为1kg/250m^3；大面积可以采用生物防治，放养金鱼藻、狸藻等水藻或螺蛳、河蚌等软体动物。轻微流动的水体有利于植物生长。

（5）防止鱼食

同时放养鱼时，在植物基部覆盖小石子可以防止小鱼啃食；在花卉周围设置细网，稍高出水面，以不影响景观为度，可以防止大鱼啃食。

（6）去残花枯叶

残花枯叶不仅影响景观，也影响水质，应及时清除。

6.4.3 主要种类

1）荷花 *Nelumbo nucifera*（莲花、水芙蓉）（图6-51）

科名：莲科

属名：莲属

观赏形态

花色：红色、粉红色、白色、乳白色、黄色。

花形：花单生于花梗顶端，具清香；雌蕊多数，埋藏于倒圆锥形、海绵质的花托内。

花期：群体花期6月至9月。

叶形：叶基生，具长柄，有刺，挺出水面；叶盾形，全缘或稍呈波状，表面蓝绿色，被蜡质白粉，背面淡绿色；叶脉明显隆起；幼叶常自两侧向内卷。

叶色：叶表蓝绿色，被白粉，叶背淡绿色。

栽培水深：150cm以内，中小株20～60cm。

习性与分布

习性：栽培的品种很多，依应用目的的不同分为莲藕、子莲和花莲。喜光和温暖，炎热的夏季是其生长最旺盛的时期；其耐寒性也很强，只要池底不冻，即可越冬，我国东北地区南部尚能在露地池塘中越冬；23～30℃为其生长发育的最适温度；对光照的要求也高，在强光下生长发育快，开花也早；喜湿怕干，缺水不能生存，但水过深淹没立叶，则会生长不良，严重时可导致死亡。

分布：以亚洲地区温带和热带为中心，其确切原产地说法不一。我国是世界上栽培荷花最普遍的国家之一，目前除少数地区外，我国绝大部分地区都有栽培。

应用

荷花碧叶如盖，花朵娇美高洁，是园林水景中造景的主题材料。可以在大水面上片植，形成“接天莲叶无穷碧，映日荷花别样红”的壮丽景观；一般小水面可以丛植；也可盆栽或缸栽布置庭院，还可作荷花专类园。此外，有极小型的品种，可以种在碗中观赏，称为碗莲。荷花被誉为“花之君子”。荷花不仅是良好的观赏材料，也是重要的经济作物，其根茎、种子可食用，是营养丰富的滋补食品；其叶、梗、蒂、节、种子、花蕊可以入药，叶、梗还是包装材料和某些工业原料。

2）睡莲 *Nymphaea tetragona*（子午莲、水芹花）（图6-52）

科名：睡莲科

属名：睡莲属

观赏形态

花色：深红色、粉红色、白色、紫红色、淡紫色、蓝色、黄色、淡黄色。

花形：花单生于细长的花柄顶端，有的浮于水面，有的挺出水面。

花期：群体花期6月至9月。

叶形：叶基生，具细长叶柄，浮于水面，叶光滑近革质，圆形或卵状椭圆形。

叶色：叶正面浓绿色，叶背面暗紫色。

图6-51 荷花

图6-52 睡莲

栽培水深：10～80cm。

习性与分布

习性：喜阳光充足、通风良好、水质清的环境；要求肥沃的中性黏质土壤；喜温暖。

分布：大部分原产于北非和东南亚的热带地区，少数产于北非、欧洲和亚洲的温带和寒带地区。

应用

睡莲飘逸悠闲，花色丰富，花型小巧，体态可人，在现代园林水景中，是重要的浮水花卉。最适宜丛植，点缀水面，丰富水景，尤其适宜布置在庭院的水池中。睡莲自古以来就与人们的文化生活密切相关，古埃及视其为太阳的象征和神圣之花。

3）王莲 *Victoria amazonica*（水玉米）（图6-53）

科名：睡莲科

属名：王莲属

观赏形态

花色：深红色、粉红色、白色。

花形：花单生于细长的花柄顶端，有的浮于水面，有的挺出水面，第三日闭合沉入水中。

花期：夏秋季。

叶形：叶基生，具细长叶柄，浮于水面，叶光滑近革质，圆形或卵状椭圆形，皆平展。

叶色：叶正面绿色无刺，叶背面紫红色。

栽培水深：随着生长加深，生长旺季时水深30~40cm。

习性与分布

习性：喜高温高湿、阳光充足、水质清的环境；要求肥沃、富有机质的栽培基质。

分布：原产南美洲，现在世界各地均有栽培。

应用

王莲叶形硕大奇特，花大色艳，可用于布置典型热带景观，深受人们喜爱。王莲是美化水面的优良材料，在我国大部分地区均有应用。

4）千屈菜 *Lythrum salicaria*（水柳、水枝柳、水枝锦）（图6-54）

科名：千屈菜科

属名：千屈菜属

观赏形态

花色：紫红色。

花形：长穗状花序顶生，小花多而密集。

花期：7月至9月。

叶形：叶对生或轮生，披针形，有毛或无毛。

叶色：绿色。

栽培水深：5～10cm。

习性与分布

习性：喜强光、潮湿，以及通风良好的环境，尤喜水湿，通常在浅水中生长最好，但也可陆地栽植；耐寒性强，在我国南北各地均可露地越冬；对土壤要求不严，但以表土深厚、含大量腐殖质的壤土为好。

分布：原产于欧亚两洲的温带，现广布全球。我国南北各地均有野生。

应用

株丛整齐清秀，花色鲜艳醒目，姿态娟秀洒脱，花期长。水边浅处成片种植千屈菜，不仅可以衬托睡莲、荷花等植物的艳美，同时可以遮挡单调的驳岸，对水面和岸上的景观起到协调的作用。丛植岸边也很美丽，是花境中重要的竖线条花卉。

5）萍逢莲 *Nuphar pumilum*（黄金莲、萍蓬草）（图6-55）

科名：睡莲科

属名：萍蓬草属

观赏形态

花色：金黄色。

花形：花单生叶腋，伸出水面，径2～3cm；萼片呈花瓣状。

花期：5月至7月。

图6-53　王莲（季梦成提供）

图6-54　千屈菜

图6-55　萍逢莲（赵宏波提供）

叶形：叶基生，浮水叶卵形、广卵形或椭圆形，先端圆钝，基部开裂且分离，裂深约为全叶的三分之一，近革质，表面亮绿色，背面紫红色，密被柔毛。沉水叶半透明，膜质，叶柄长，上部三棱形，基部半圆形。

叶色：叶表亮绿色，叶背紫红色。

栽培水深：30～60cm。

习性与分布

习性：喜温暖、阳光充足；喜流动的水体，喜生沼泽、湖泊及河流等浅水处；不择土壤，但以肥沃黏质土为好。生长适温15～32℃，低于12℃时停止生长。

分布：原产北半球寒温带，分布广，我国、日本、欧洲、西伯利亚地区都有。我国东北、华北、华南均有分布。

应用

初夏开放，叶亮绿，金黄娇嫩的花朵从水中伸出，小巧而艳丽，是夏季水景园的重要花卉。可以片植或丛植，也可盆栽装点庭院。一般小池以3～5株散植于亭、榭边或桥头，有如“晓来一朵烟波上，似画真妃出浴时”，花虽小，但淡雅飘逸，饶有情趣。

6）梭鱼草　*Pontederia cordata*（北美梭鱼草）（图6-56）

科名：雨久花科

属名：梭鱼草属

观赏形态

花色：蓝色。

花形：花葶直，通常高出叶面；顶生穗状花序，长15cm左右，密生蓝紫色小花，上方两花瓣各有黄绿色斑点。

花期：6月至10月。

叶形：叶基生，具圆筒形长叶柄；叶形多变，多为倒卵状披针形，叶基广心形，叶面光滑。

叶色：绿色。

栽培水深：20cm以下。

习性与分布

习性：喜温暖湿润和阳光充足，忌风吹，不耐寒；静水及水流缓慢的水域均可生长。

分布：原产北美。

应用

梭鱼草叶色翠绿，花色迷人，花期较长，串串紫花在翠绿叶片的映衬下，别有一番情趣。可用于园林湿地、水边、池塘绿化，也可盆栽观赏。种子可食用；全株可入药，用于提炼收缩剂类药。

7）荇菜　*Nymphoides peltata*（金莲子、莲叶荇、莲叶莕菜）（图6-57）

科名：睡菜科

属名：荇菜属

观赏形态

花色：鲜黄色。

花形：伞形花序腋生。

花期：6月至10月。

叶形：叶互生，心状椭圆形或圆形，近革质，基部开裂呈心脏形，全缘或微波状，有光泽，漂浮于水面。

叶色：叶表绿色，叶背带紫色。

栽培水深：20～100cm。

习性与分布

习性：耐寒，强健，对环境适应性强，常野生于湖泊、池塘静水或缓流中，可自播繁殖。对土壤要求不严，以肥沃稍带黏质的土壤为好。生长适温15～30℃，低于10℃时停止生长；能耐一定低温，但不耐严寒。

分布：广布于我国华东、西南、华北、东北和西北等地。日本、俄罗斯、伊朗、蒙古、朝鲜也有分布。

应用

荇菜叶小而翠绿，黄色小花覆盖水面，在园林水景中

图6-56　梭鱼草

图6-57　荇菜

大片种植可形成“水荇牵风翠带长”之景观。荇菜与荷花伴生，微风吹来，花颤叶移，姿态万端。在造景中，还要注意荇菜的动态美，留有足够的空间。植株发酵后可作猪饲料或沤制绿肥。全株可入药，鲜草捣烂后敷于伤口可治蛇咬伤。

8）香菇草 *Hydrocotyle vulgaris*（毛天胡荽、铜钱草、金钱莲、水金钱）（图6-58）

科名：五加科

属名：天胡荽属

观赏形态

花色：白色。

花形：花两性，伞形花序。

花期：6月至8月。

叶形：叶互生，具长柄，圆盾形，直径2～4cm，缘波状，叶脉15～20条呈放射状。

叶色：草绿色。

习性与分布

习性：喜光照充足的环境，如环境荫蔽，则植株生长不良；性喜温暖，怕寒冷，在10～25℃的温度范围内生长良好，越冬温度不宜低于5℃。

分布：欧洲、北美南部及中美洲地区。

应用

香菇草生长迅速，成形较快，常在水体岸边丛植、片植，是庭院水景造景，尤其是景观细部设计的好材料，可用于室内水体绿化或水族箱前景栽培。目前，在我国湿地造景中颇受青睐。

9）香蒲 *Typha orientalis*（东方香蒲、水烛）（图6-59）

科名：香蒲科

属名：香蒲属

观赏形态

花色：浅褐色。

花形：穗状花序呈蜡烛状，雄花序在上，雌花序在下，中间有间隔，露出花序轴。

花期：5月至7月。

叶形：叶由茎基部抽出，二列状着生，长带形，向上渐细，端圆钝，基部鞘状抱茎。

叶色：灰绿色。

栽培水深：20～60cm。

习性与分布

习性：对环境条件要求不甚严格，适应性强；不耐寒，喜阳光；喜深厚肥沃的泥土，最宜生长在浅水湖塘或池沼内。

分布：本种广布于我国东北、西北和华北地区。

应用

叶丛秀丽潇洒，雌雄花序同花轴，整齐圆滑形似蜡烛，别具一格，是水边丛植或片植的好材料，可以观叶和花序。叶丛基部和根茎先端的幼芽为蔬菜；花粉可加蜜糖食用，花可入药止血，叶可编织蒲包；花序浸透油可以代替蜡烛。

6.5 岩生花卉

6.5.1 概论

1）含义

岩生花卉（rock plant，rock flower），指直接生长于岩石表面或生长于岩石表面的薄层土壤上，或生长于岩石之间的植物。在园林应用上是指具有较强抗逆性的植物，尤其是抗干旱和耐瘠土能力。植株低矮或匍匐，可与岩石搭配用于造园。

2）类型

①按自然分类系统分为苔藓植物、蕨类植物、裸子植物、被子植物。

②按光照要求分为喜光类、耐阴类、喜阴湿类。

图6-58 香菇草

图6-59 香蒲

③按在园林中的应用分类，分为草本类、藤本类、灌木及矮乔类、蕨类、苔藓地衣类。

3）园林应用特点

①岩生植物色泽艳丽，五彩缤纷，具有很高的观赏价值，如细小风铃草、点地梅、丛生福禄考、香石竹等。它是布置花卉专类园——岩石园的主要材料，呈现与岩石相伴的植物生长景观。

②岩生植物也可以在园林中的挡土墙、铺装的石路边等与岩石园生态条件相似的局部区域使用，如在碎石小路边镶嵌费菜、岩生石竹、大花岩芥菜等。

4）生态习性

（1）对温度的要求

岩石园主要是室外布置，因此大多数花卉应有一定的耐寒性，在当地可以露地过冬。室内岩石园，对花卉耐寒性要求不高。

（2）对光照的要求

岩石园的形式有多种，不同的形式有不同的光照条件，依具体设计，从喜光到耐阴的种类都可以使用。

（3）对土壤的要求

岩石园中供花卉生长的土壤厚度有限，同时为避免植物过度生长，一般比较贫瘠，因此使用的花卉应耐瘠薄。

（4）对水分的要求

水分要求依岩石园的形式而定，一般应使用耐干旱的花卉；但是有小溪等设计时，也需要耐水湿的种类。

6.5.2 繁殖与栽培要点

1）繁殖要点

岩生花卉有一二年生和多年生花卉，与前述的各类花卉繁殖要点相同。

2）管理要点

管理粗放，但过度干旱时要浇水；过度生长时要适时分株；管理中注意摘心和修剪，控制生长并保持株形；根据具体情况也可以适当追肥，补充营养；多年生长后，若生长不良要重新栽植。

6.5.3 主要种类

1）龙胆 *Gentiana scabra*（龙胆草、观音草）（图6-60）

科名：龙胆科

属名：龙胆属

观赏形态

花色：鲜蓝色、深蓝色。

花形：聚伞花序密生枝顶，花钟状，直径约4cm。

花期：9月。

叶形：叶对生，无柄，茎部叶鳞片状，中、上部叶卵形或披针形，长3～7cm，宽1.5～2cm。

叶色：暗绿色。

株高：30～60cm。

习性与分布

习性：性耐寒，怕干旱，较耐阴，喜湿润的土壤和冷凉通风环境，宜选择疏松肥沃的壤土栽培。生长期内要注意浇水、施肥，幼苗还要适当遮阴。

分布：原产我国黑龙江和云南，日本、朝鲜、俄罗斯也有分布。

应用

龙胆花较大，艳蓝色，于深秋开放。应用上宜植于花境、林缘、灌丛间。

2）四季报春 *Primula obconica*（四季樱草、鄂报春、仙鹤莲）（图6-61）

科名：报春花科

属名：报春花属

图6-60　龙胆（顾翠华提供）

图6-61　四季报春

观赏形态

花色：红色、黄色、橙色、蓝色、紫色、白色等。

花形：花葶自基部抽出，高15～30cm，顶生伞形花，着花10余朵，花冠5深裂，裂片先端浅裂，呈漏斗状。

花期：3月至6月。

叶形：叶基生，椭圆或长卵形，叶缘具浅波状缺刻，叶面光滑，叶背密被白色腺毛。

叶色：黄绿色。

株高：20～30cm。

习性与分布

习性：喜凉爽、湿润气候和通风良好的环境；喜排水良好及富含腐殖质的微酸性土壤；不耐寒，不耐高温和强烈的直射光，多分布于低纬度高海拔地区。

分布：全世界约有500种，绝大部分分布于北半球温带和亚热带高山地区，仅有少数产于南半球。我国约有300种，主要分布于云南、四川、贵州、西藏南部。

应用

四季报春品种多，花色鲜艳，姿态优美，花期长，适宜盆栽，点缀客厅、居室和书房。南方温暖地区可作露地花坛栽培，或栽植于假山园、岩石园内。

3）轮叶马先蒿 *Pedicularis verticillata*（马蒿草）（图6-62）

科名：列当科

属名：马先蒿属

观赏形态

花色：紫红色。

花形：轮状花序顶生，花萼球状卵形，花冠唇形。

花期：7月至8月。

叶形：基生叶矩圆形至披针形，较狭窄；茎生叶常4枚轮生，较宽。

叶色：翠绿色。

株高：15～35cm。

习性与分布

习性：喜光照，耐寒冷；对土壤适应性强，在潮湿地生长较好；根系较发达；种子细小，易随风撒播，自播力较强。

图6-62 马先蒿（赵宏波提供）

分布：广布于北半球寒、温带。在我国产于黑龙江、吉林、辽宁、内蒙古、河北、山西、陕西、甘肃、四川等地，云南高海拔地区也有分布。

应用

枝叶繁茂，翠绿成丛，唇形花紫红色，密集成团，绿叶红花，交相辉映，十分可爱。花期长，适合盆栽观赏；或植于花坛边缘成环状，更是特别雅致；也可瓶插观赏。

6.6 多浆植物

6.6.1 概述

多浆植物（又叫多肉植物），多数原产于热带、亚热带干旱地区或森林中，其茎、叶具有发达的贮水组织，是肥厚而多浆的变态状植物。在园艺上，这一类植物生态特殊，种类繁多，或体态清雅而奇特，或花色艳丽而多姿，颇富趣味性。多浆植物通常包括仙人掌科以及番杏科、景天科、大戟科、萝藦科、菊科、百合科、凤梨科、龙舌兰科、马齿苋科、葡萄科、鸭跖草科、酢浆草科、葫芦科等植物。仅仙人掌科植物就有140余属，2000种以上。为了栽培管理及分类上的方便，常将仙人掌科植物另列一类，称仙人掌类；而将仙人掌科之外的其他科多浆植物（约55科），称为多浆植物。有时两者通称为多浆植物。

6.6.2 繁殖与栽培要点

多浆类植物繁殖比较容易，常用的方法为扦插、分株与播种，嫁接在仙人掌科中应用较多。

1）扦插

多浆植物一般都用扦插繁殖，许多种能用叶插繁殖。繁殖注意要点如下：

①生长期中任何时期都可以扦插，但在春季开始时最好；

②选健康的植株或部位采插条，所用工具要消毒，多浆类植物伤口易感染；

③插条应置于干燥、通风、温暖和有散射光处，让其伤口产生愈伤组织封闭后再扦插；

④扦插后要控制基质温度，少浇水或不浇水；

⑤未生根的插条不宜强光直射。

2）播种

有些多浆类植物也采用播种繁殖，但是种子比较细小，播种与管理要精细。

（1）播种时期

播种一般在春季进行，如仙人掌类的种子无休眠期，在环境适宜时，成熟的种子可采后即播。种子发芽的最适温度是昼温25～30℃，夜温15～20℃。

（2）播种管理

工具、基质等都要消毒，基质用微酸性、低肥力及透水性好的材料。水分是关乎播种成败的重要因素，水质应为微酸性及无菌水，可用雨水或冷开水等。播种后保证基质和空气湿润，播后要不断检查，加强病虫害防治。

（3）幼苗移栽

仙人掌类尽可能在播种后第二年，当幼苗长出刺、小球直径达到0.5cm时移栽。具有大型叶的植物种类生长较快，发芽后几周便可移栽。幼苗的移栽一般选择生长季节进行，春季较好。幼苗一般需要移栽1～2次。

3）嫁接

仙人掌科多浆植物常用嫁接繁殖。

（1）嫁接的作用

仙人掌科植物通过嫁接，可促进一些品种或变种开花，如绯牡丹等，只有通过嫁接才能开花。嫁接便于造型，提高观赏价值。

（2）砧木的选择

一般选择繁殖快、生长迅速、植株健壮、与接穗亲和力高的种类作为砧木。如量天尺的亲和性比较广，特别适合作为缺叶绿素的种类与品种的砧木，在我国应用最为普遍。叶仙人掌属也是很好的砧木，对葫芦掌、蟹爪兰、仙人指等分枝低的浮生型植物都很适应。

（3）嫁接的方法

因仙人掌类植物的茎肥厚多汁，嫁接方法依砧木与接穗的形态确定，常采用平接、斜接、劈接、插接几种方法。

（4）嫁接技术要点

嫁接最适季节是初夏，在温暖及湿度大的晴天，当空气干燥时，在清晨嫁接。嫁接时，砧木与接穗应含有充足的水分，接口处要紧密；嫁接后放置阴处，避免日光直射。成活后需要抹除侧芽或侧枝，以免影响接穗的生长。

6.6.3 主要种类

1）山影拳 *Cereus pitajaya*（仙人山、山影）（图6-63）

科名：仙人掌科

属名：天轮柱属

观赏形态

花色：白色、粉红色。

花形：花大型喇叭状或漏斗状，夜开昼闭。

花期：夏、秋季。

茎色：暗绿色。

茎形：肉质茎肥厚，分枝多，无叶片，直立或长短不一；茎有纵棱或钝棱角，被有短绒毛和刺，堆叠式地成簇生于柱状肉质茎上。植株的生长锥分布不规律，整个植株在外形上肋棱交错，生长参差不齐，呈岩石状。

果实：果大，种子黑色。

株高：2～3m。

习性与分布

习性：性强健，喜温暖，稍耐寒，冬季可耐5℃低温；喜阳光充足，耐半阴；要求排水良好、肥沃的砂壤土；宜通风良好的环境。

分布：原产于西印度群岛、南美洲北部及阿根廷东部。

应用

盆栽观赏。远看似苍翠欲滴、重叠起伏的山峦，近看仿佛沟壑纵横、玲珑有致的怪石奇峰。配以雅致的盆钵，置于书房案头、客厅桌几，高雅脱俗。在其上嫁接色彩艳丽的球形仙人掌类植物，则妙趣横生。亦可用于布置专类园，营造干旱沙漠景观。

2）金琥 *Kroenleinia grusonii*（象牙球）（图6-64）

科名：仙人掌科

属名：金琥属

图6-63 山影拳

图6-64 金琥

观赏形态

花色：淡黄色。

花形：喇叭状花生于球顶部，花筒被尖鳞片。

花期：6月至10月。

茎色：黄绿色。

茎形：植株呈圆球形，通常单生，球径可达50cm。球顶部密被大面积的绒毛，具棱21～37，排列非常整齐。刺座长，有金黄色或淡黄色短绒毛；刺长3～5cm，硬且直，全部为金黄色，有光泽，形似象牙，株高可达50cm。

习性与分布

习性：喜阳光充足、气候温和的环境；忌高温多湿，生长适温20～25℃；喜含石灰质及石砾的砂质土壤，在肥沃的土壤中生长迅速，但不易开花。

分布：原产于墨西哥中部干旱沙漠及半沙漠地带。

应用

金琥形大而端圆，金刺夺目，是珍贵的观赏仙人掌植物。小型个体适宜于盆中独栽，置于书桌、案几，情趣盎然；大型个体则适宜于地栽群植，布置专类园。群植时，大小金琥疏密有致，错落排列于微地形中，形成干旱及半干旱沙漠地带独特的自然风光。

3）仙人掌 *Opuntia dillenii*（霸王树、仙巴掌、仙桃、火掌）（图6-65）

科名：仙人掌科

属名：仙人掌属

图6-65 仙人掌

图6-66 蟹爪兰

观赏形态

花色：鲜黄色。

花形：花单生茎节上部，短漏斗状。

花期：夏季。

茎色：幼茎鲜绿色，老茎灰绿色。

茎形：植株丛生呈大灌木状。茎下部木质，圆柱形；茎节扁平，椭圆形，肥厚多肉；刺座内密生黄色刺。

株高：可达2m。

习性与分布

习性：性强健，喜温暖，不耐寒；喜阳光充足；不择土壤，以富含腐殖质的砂壤土为宜；耐旱，忌涝。

分布：原产于美洲热带。在我国海南岛西部近海处也有野生仙人掌分布。

应用

仙人掌盆栽室内观赏，给人以生机勃勃之感，夜间放出大量氧气，是居室内净化空气的优良植物。地栽与山石配置，可构成热带沙漠景观。我国南方可露地栽植，用于环境绿化。仙人掌能有效地吸收电脑等电器的电磁辐射。其味甘、性平，有小毒，清热消肿。茎节主治肺热、咳嗽、咽喉炎、胃溃疡、痢疾，外治腮腺炎、烫伤、蛇咬等。

4）蟹爪兰 *Schlumbergera truncata*（蟹爪、蟹爪莲、螃蟹兰）（图6-66）

科名：仙人掌科

属名：仙人指属

观赏形态

花色：紫红色。

花形：花生茎节顶端，着花密集；花冠漏斗状，花瓣数轮，愈向内侧管部愈长，上部反卷。

花期：11月至12月。

茎色：亮绿色。

茎形：茎多分枝，铺散下垂。茎节扁平，倒卵形，先端截形，边缘2～4对尖锯齿。

株高：30～50cm。

习性与分布

习性：喜温暖、湿润，不耐寒；喜半阴；根系不发达，生长缓慢；生长适温15～25℃，冬季低于10℃呈半休眠状态，生长明显减缓；忌阳光直射，为短日照植物；开花后有短暂的休眠期；喜疏松、透气、富含腐殖质的土壤。

分布：原产于巴西东部热带森林中。

应用

嫁接的蟹爪兰株形优美，砧木挺拔，枝扁平多节，形态奇趣，拱曲悬垂，繁茂如绿伞。每至严冬，西方圣诞节前后大量开花，花大色鲜，有丝质光泽，能营造喜庆祥和的气氛。室内冬春栽培，最适吊盆观赏，是疗效较好的一味中药，扁平茎节可用于外治肿痛。

5）翡翠珠 *Senecio rowleyanus*（绿串珠、绿铃、一串珠）（图6-67）

科名：菊科

属名：千里光属

观赏形态

花色：白色。

花形：头状花序单生于茎的顶端。

茎形：具地下根茎。茎铺散，细弱下垂，接触土壤即生根，悬垂吊挂呈串珠状，长达50～60cm。

叶形：叶互生，卵状球形至椭圆球形，全缘，先端急尖，肉质，具淡绿色斑纹；叶整齐排列于茎蔓上，呈串珠状。

叶色：绿色。

株高：垂蔓可达1m以上。

习性与分布

习性：喜阳光充足，稍耐阴；喜温暖，不耐寒，生长适温15～22℃，越冬温度10～12℃；耐干旱，忌雨涝，夏季高温季节处于半休眠状态；喜排水良好的砂质壤土。

分布：原产于南美洲。

应用

叶形奇特，着生于茎上似一串串绿色珠子；植株似绿色的项链，外形奇特，晶莹、玲珑雅致，惹人喜爱，是奇特的室内小型悬吊植物，观赏价值极高。

6.7 室内花卉

6.7.1 概述

室内花卉指从众多的花卉中选择出来，具有很高的观赏价值，比较耐阴而喜温暖，对栽培基质水分变化不过分敏感，适宜在室内环境中较长期摆放的一类花卉。一般指原产于热带或亚热带的花卉。在北方寒冷地区，这类花卉必须在温室中进行保护栽培，或冬季在温室内越冬。

6.7.2 繁殖与栽培要点

1）繁殖要点

室内花卉的繁殖主要是营养繁殖，以分株和扦插（包括水插）繁殖为主，也可以采用压条、播种方法繁殖。只要温度适宜，四季都可进行。

2）栽培要点

①根据植物种类给予适宜的光照条件。同种植物在不同季节可以放置在不同位置来满足光照要求。

②许多种类有休眠期，与生长期相比，休眠期对水分的要求是不同的。生长期除注意基质浇水外，还要注意增加空气湿度。休眠期注意控制水肥。

③木本花卉要及时修剪、整枝和换盆。多年生长后要换盆，去老根和分株，使株形美观，生长健壮。

④经常擦拭叶片，不仅使观叶植物美观，也利于光合作用。

⑤根据生长需要及时补给肥料。一般观叶植物对氮肥的需求量较大。

6.7.3 主要种类

1）红鹤芋 *Anthurium andraeanum*（大花花烛、哥伦比亚花烛、红掌）（图6-68）

科名：天南星科

属名：花烛属（安祖花属、火鹤花属）

观赏形态

花色：黄色、白色、红色。

花形：花茎高出叶面，佛焰苞阔心脏形，表面波状；肉穗花序黄色，直立。

花期：全年开花。

叶形：叶长椭圆状心脏形，长柄四棱形。

叶色：鲜绿色。

株高：40～50cm。

图6-67 翡翠珠

图6-68 红鹤芋

习性与分布

习性：生长适温20～30℃，10℃停止生长；不耐干燥，要求80％的相对湿度。

分布：原产南美洲哥伦比亚西南部热带雨林。

应用

中型盆花，水养可达半个月，是高档切花。

2）四季秋海棠 *Begonia semperflorens*（玻璃翠、四季海棠）（图6-69）

科名：秋海棠科

属名：秋海棠属

观赏形态

花色：白色、粉色、红色。

花形：聚伞花序，雄花较大，花瓣2片，宽大，萼片2片，较窄小；雌花稍小，花被片5。

花期：可四季开花。

叶形：叶互生，有光泽，卵圆形至广椭圆形，边缘有锯齿，叶基部偏斜。

叶色：绿色、古铜色或深红色。

株高：10～150cm。

习性与分布

习性：喜温暖，不耐寒，生长适温20℃左右，低于10℃生长缓慢；适宜空气湿度较大、土壤湿润的环境，不耐干燥，亦忌积水；喜半阴环境，夏季不可放于阳光直射处。开花不受日照长短的影响，只要在适宜的温度下，就可四季开花。

分布：四季秋海棠虽为多源杂种，但其主要原种皆产自南美巴西。

应用

四季秋海棠是目前栽培最普遍的一种秋海棠。它可以四季开花，有较强的抗性，色彩鲜明，病虫害很少，容易栽培，是夏季花坛的重要材料，又是很受欢迎的盆花。

3）一品红 *Euphorbia pulcherrima*（象牙红、圣诞树、猩猩木）（图6-70）

科名：大戟科

属名：大戟属

观赏形态

花色：朱红色、粉色、白色、黄色。

花形：真正的花是顶部簇生的鹅黄色小花，花序数个聚伞排列于枝顶。

花期：10月至次年2月。

叶形：叶互生，具大的缺刻，背面有软毛；茎顶部花序下的叶较狭，苞片状，通常全缘，开花时呈朱红色，为主要观赏部位。

叶色：灰绿色。

株高：60～300cm。

习性与分布

习性：喜温暖湿润及阳光充足的环境，对土壤要求不严，但以微酸性的肥沃砂质壤土最好。生长期适宜温度25～29℃，夜间18℃，花序显色后可降至20℃，夜间15℃。夏季高温日照强烈时，应遮去直射光，并采取措施增加空气湿度，防止叶片卷曲发黄和基部脱叶。一品红为短日照植物，极易控制花期，在每天光照8～9h、温度20℃条件下，50d左右即可开花。

分布：原产墨西哥和中美洲。在我国云南、广东、广西等地可露地栽培，成为小乔木状，华东、华北地区作温室盆栽，霜前移入温室。

应用

一品红是冬春重要的盆花和切花材料。其花色艳丽，花期很长，又正值圣诞节、元旦、春节开放，故深受国内外群众的喜爱。它常用于布置花坛、会场或装饰会议室、接待室等，又可作切花材料，制作花篮、花圈、插花等。在云南、广东、广西等地可以露地栽植，布置花坛、花篱或作基础栽植。采用催延花期的技术，可使其在

图6-69 四季秋海棠

图6-70 一品红

“七一”“八一”“十一”等节日开花，满足节日布置的需要。一品红在世界各国广泛栽培，美国、日本、德国等国都已经进行大规模的企业化生产，可全年供应盆花和切花。

4）非洲菊 *Gerbera jamesonii*（扶郎花、葛白拉）（图6-71）

科名：菊科

属名：大丁草属

观赏形态

花色：白色、橙色、红色、黄色、粉色、橘黄色等。

花形：头状花序单生，花梗长，高出叶丛；舌状花大，倒披针形或带形，端尖，3齿裂，橙红色；筒状花较小，常与舌状花同色，管端二唇状；冠毛丝状，乳黄色；花径8～10cm。

花期：11月至次年4月。

叶形：叶基生，多数；具长柄，柄长7～15cm；叶片长10～14cm，宽5～8cm，羽状浅裂或深裂，顶裂片大，裂片边缘具疏齿，圆钝或尖，基部渐狭；叶背具长毛。

叶色：绿色。

株高：20～60cm。

习性与分布

习性：喜温暖、阳光充足、空气流通的环境。生长期适温20～30℃，冬季适温12～15℃，低于10℃则停止生长，属半耐寒性花卉，可忍受短期0℃的低温。在华南地区可露地越冬，华东地区则需要覆盖越冬，华北地区可于地窖或冷床中越冬，也可在霜降时带土移栽至温室种植床或盆栽做切花促成栽培。要求疏松、肥沃、微碱性砂质土壤。

分布：原产非洲南部的德兰士瓦。

应用

花色艳丽、明亮，花期长，单花期10～15d，瓶插可观赏2～3周，是重要的切花花卉。花色饱和度高，艳而不妖，丽若云霞，娇媚高雅。在我国南方，非洲菊可以布置花境和自然丛植；在北方，多盆栽观赏。全株可供药用，有清热止泻功效。

5）大岩桐 *Sinningia speciosa*（落雪泥）（图6-72）

科名：苦苣苔科

属名：大岩桐属

观赏形态

花色：白色、粉色、红色、紫色、堇青色等，也常见镶白边的品种。

花形：花梗比叶长，顶生和腋生，每梗1花；萼五角形，裂片卵状披针形，比萼筒长；花冠阔钟形，裂片5，矩圆形，径6～7cm。

花期：5月至10月，夏季为盛花期。

叶形：叶对生，肉质较厚，平伸，边缘有钝锯齿。

叶色：绿色，叶背稍带红色。

株高：12～25cm。

习性与分布

习性：喜潮湿；喜半阴，忌阳光直射；喜肥。通风不宜过分，以保持较高的空气湿度。冬季休眠期保持干燥，温度保持在8～10℃。栽植用土以疏松、肥沃而排水良好的腐殖质土壤为宜。

分布：原产于巴西。

应用

小型盆花。大岩桐花朵大，花色浓艳，花期可随栽植期的不同而异，故花期长，尤其能盛开于夏季室内花卉较少时。控制栽植期，可使它在“五一”和“十一”等节日开放，为重大节日提供优美的室内布置材料，是极高雅的观花植物。

6）鹤望兰 *Strelitzia reginae*（极乐鸟之花、极乐鸟花、天堂鸟）（图6-73）

科名：鹤望兰科

属名：鹤望兰属

观赏形态

花色：外花被片橙黄色，内花被片天蓝色。

花形：花茎与叶近等长，每个花序着生6～8朵；小花花形奇特，开放有顺序，宛如仙鹤引颈遥望，栩栩如生。

花期：9月至翌年6月。

图6-71　非洲菊

图6-72　大岩桐

图6-73　鹤望兰

叶形：叶近基生，对生成两侧排列，革质，长椭圆形或长椭圆状卵形。

叶色：绿色。

株高：100～200cm。

习性与分布

习性：喜温暖、湿润，生长适温25℃左右，冬季适温以10℃左右为宜；喜光照充足，若光照不足则生长细弱，出芽少，开花不良甚至不开花。每朵花开放近1个月，1个花序可开放约2个月，花期长达3到4个月。夏天宜放荫棚下栽培。耐旱力强，不耐水湿。

分布：原产南非，我国各地常栽培。

应用

鹤望兰叶大姿美，四季常青，花序色彩夺目，形状奇特，成株一次能开花数十朵，有极高的观赏价值。盆栽点缀于厅堂、门侧或作室内装饰，能营造出热烈而高雅的气氛。在我国华南地区可用于庭院丛植或花境。水养可观赏15～20d，是高档切花。鹤望兰原产南非的一个叫“天堂鸟村”的地方，所以得名“天堂鸟”。

7）马蹄莲 *Zantedeschia aethiopica*（慈菇花）（图6-74）

科名：天南星科

属名：马蹄莲属

观赏形态

花色：白色、黄色、粉色等。

花形：花茎大体与叶片等长；花苞乳白色，状若马蹄形，洁白的佛焰苞中，露出鲜黄色的肉穗状花序；花序上部着生雄花，下部则为雌花。

花期：12月至翌年6月，2月至4月为盛花期。

叶形：叶基生，箭形或戟形，具平行脉，全缘。

叶色：鲜绿色。

株高：60～100cm。

习性与分布

习性：湿润，不耐寒；喜冬季光照充足，否则着花少，其他季节可半阴处生长。生长适温20℃，温度不宜低于10℃；其休眠期随地区不同而异，在冬不冷、夏不热的亚热带地区，全年不休眠。冬季开花，夏季因高温干燥而休眠。

分布：原产非洲南部的河流旁或沼泽地中。

应用

叶色翠绿，叶柄修长，苍翠欲滴，花茎挺拔，花朵苞片洁白硕大，宛如马蹄，秀嫩娇丽，象征着纯洁真挚，鲜黄色的肉穗花序立于莲座上，给人以纯洁感，是优良的盆花，也是重要的切花材料。块茎可入药，能预防破伤风和外治烫火伤。

8）变叶木 *Codiaeum variegatum*（洒金榕）（图6-75）

科名：大戟科

属名：变叶木属

观赏形态

花色：总状花序生于上部叶腋，花白色不显眼。

花形：花小，单性同株异序，长总状花序自上部叶腋抽出，雄花白色，簇生于苞腋内，雌花单生于花序轴上。

叶形：叶互生，光滑无毛，厚革质，叶片形状、大小变化丰富，自卵圆形至线形，全缘或开裂，边缘波状或扭曲。

叶色：黄色、绿色、橙色、红色、紫色、青铜色、褐色、黑色等，有斑块或斑纹混杂镶嵌。

株高：50～200cm。

习性与分布

习性：喜温暖、高湿和适当光照。耐热性强，夏季适

图6-74 马蹄莲

图6-75 变叶木

应30℃以上的高温；耐寒性差，冬季温度要高于10℃，低于10℃时间达7d左右，则下部叶片脱落。忌盆土积水，否则易烂根。宜用疏松、肥沃、排水良好的壤土。

分布：原产太平洋热带岛屿和澳大利亚。

应用

中、大型盆栽。叶形千变万化，叶色绚丽多彩，质感厚重，犹如油画，是室内高档的彩叶植物。全株皆可入药，叶片有微毒，具有消炎祛肿的功效，可外敷治疗创伤、红肿。

9）八角金盘 *Fatsia japonica*（八金盘、八手）（图6-76）

科名：五加科

属名：八角金盘属

观赏形态

花色：白色。

花形：伞形花序集生成顶生圆锥花序。

花期：10月至11月。

叶形：叶片形状奇特，具7～9裂，形状好似伸开的五指，新发幼叶呈棕色毛毡状，而后逐渐平滑，稍革质，富有光泽，中心叶脉清晰，叶片直径20～40cm。

叶色：叶色深绿。

株高：3~5m。

习性与分布

习性：喜温暖，忌酷暑，较耐寒，冬季能耐0℃低温，夏季超过30℃，叶片易变黄，诱发病虫害；宜阴湿，忌干旱及强光直射；要求疏松、肥沃的砂质土壤。

分布：原产日本和中国台湾，现广泛分布。

应用

中、大型盆栽。四季常青，叶形掌状，奇特美丽，是重要的耐阴观叶植物。适于室内弱光处布置，同时是广泛应用于门厅、会议厅、宾馆及建筑物等大型景观的背景材料；仪态端庄大方，可切叶。

10）散尾葵 *Dypsis lutescens*（黄椰子、紫葵）（图6-77）

科名：棕榈科

属名：金果椰属

观赏形态

花色：金黄色。

花形：肉穗花序圆锥状，生于叶鞘下，多分枝，长约40cm，宽50cm。

花期：3月至4月。

叶形：羽状复叶，平滑细长；细长的叶柄稍弯曲，呈黄色。

叶色：淡绿色。

株高：3～5m。

习性与分布

习性：喜温暖、湿润的环境，喜光，亦耐半阴；不耐寒，冬季气温低于5℃，叶片易受冻害，但在空气湿度较大的环境可耐短时间低温；忌强光暴晒；喜富含腐殖质、排水良好的微酸性砂质土壤。

分布：原产于非洲马达加斯加岛。我国海南、广东、广西、福建、台湾、云南等地可露地栽培，长江以北地区多盆栽。

应用

根据株丛大小，可作大、中、小型盆栽。株型高大丰满，潇洒婆娑，干茎美丽挺拔，叶丛柔美洒脱，充满热带风情，可布置于客厅、书房、会场、宾馆等，也是优美的切叶材料。

11）龟背竹 *Monstera deliciosa*（龟背蕉、蓬莱蕉、电线莲）（图6-78）

科名：天南星科

属名：龟背竹属

观赏形态

花色：佛焰苞淡黄色。

图6-76　八角金盘

图6-77　散尾葵

图6-78　龟背竹

花形：肉穗花序长20～25cm，花两性，多而密集，下部花可育。

花期：夏季。

叶形：叶二列状互生，幼叶心脏形，无孔，全缘；叶逐渐增大，成长叶长宽60～90cm，羽状分裂，厚革质，各叶脉间有长椭圆形或菱形的空洞；叶柄长30～50cm，有鞘。

叶色：暗绿色。

株高：藤本，茎长可达70m。

习性与分布

习性：喜温暖、多湿和半阴的环境；不耐寒，越冬温度不低于5℃；不耐高温，气温高于35℃时进入休眠状态；忌强光暴晒和干燥，光照时间越长，叶片越大，周边裂口越多、越深；也较耐阴，低光照条件下可放置数月，叶片仍然翠绿，夏日宜在半阴下栽培；不耐干旱；适宜用富含腐殖质的中性砂质壤土栽植。

分布：原产于墨西哥、南美洲的热带雨林中，我国云南的西双版纳也有野生。

应用

大、中型盆栽或垂直绿化。叶形奇特而高雅，盆外数条细长气生根气势蓬勃，象征着开拓与创新。其叶片及株形巨大，适宜布置厅堂、会场、展览大厅等大型场所，显得豪迈大方。不宜与其他植物混合群植，为独特的切叶材料。其肉穗花序鲜嫩，可用来做菜食，花序外面的黄色苞叶可生食。果实成熟时为暗蓝色，被白霜，具香蕉的香味，可以作水果食用。

12）果子蔓类 *Guzamania*（图6-79）

科名：凤梨科

属名：星花凤梨属

观赏形态

花色：鲜红色。

花形：总花茎不分枝，挺立于叶丛中央，周围为鲜红色的苞片。

花期：多数种类在春季开花。

叶形：莲座状叶片丛生于短茎上，叶片多为带状，叶缘无刺，叶薄而柔软，有光泽；叶较多，开花时约25片叶。

叶色：淡绿色。

株高：可达80cm。

习性与分布

习性：喜温暖、高湿的环境；越冬温度10℃以上，冬末至初春开花，低于10℃容易受害；弱光性，喜半阴，春夏秋三季需遮去50%～60%的阳光，冬季不遮光或少遮光；要求富含腐殖质、排水良好的土壤。

分布：原产南美洲热带地区。

应用

中型盆栽。叶色终年常绿，苞片色艳耐久，花梗直立挺拔，适于室内观赏。

13）虾衣花 *Calliaspidia guttata*（虾夷花、虾衣草、狐尾木、麒麟吐珠）（图6-80）

科名：爵床科

属名：麒麟吐珠属

观赏形态

花色：白色。

花形：穗状花序顶生下垂，长6～9cm，具棕色、红色、黄绿色、黄色的宿存苞片。小苞片卵状披针形，花白色，伸向苞片外，花分上下二唇形，上唇全缘或稍裂，下唇浅裂，上有3行紫斑花纹，红色苞片重叠下倾，花序长约10cm，似龙虾、狐尾，十分有趣。

花期：全年开花。

叶形：叶卵形，顶端具短尖，基部楔形，全缘，叶长2.5～6cm。

叶色：绿色。

株高：1～2m。

习性与分布

习性：性喜温暖、湿润环境，可在温室栽培。最低温度需要在5～10℃，喜阳光也较耐阴，忌暴晒。

分布：原产墨西哥，世界各地均有栽培。

图6-79 纯黄果子蔓

图6-80 虾衣花

应用

其花形奇特优美，常年开花，适宜盆栽，放在室内高架上观赏，也可作花坛布置。

14）红花酢浆草 *Oxalis corymbosa*（太阳花、红花草）（图6-81）

科名：酢浆草科

属名：酢浆草属

观赏形态

花色：浅红色或玫瑰红色。

花形：花葶自叶丛中抽出，伞形花序顶生，总花梗稍高于叶丛，花朵12～14枚，花瓣5枚，基部合生，先端近似圆形；萼片多轮，覆瓦状排列。

花期：4月至11月开花，其中4月至7月或9月至11月为盛花期。

叶形：叶基生，叶柄较长，三小叶复叶，小叶倒心形，三角状排列，顶端凹陷被毛，叶缘有黄色斑点。

株高：20～30cm。

习性与分布

习性：多年生常绿草本，吸光，虽能耐阴但花量较少。喜温暖但忌酷暑，夏季高温时处于半休眠状态，需遮半阴；不耐寒，在华北地区冬季需温室栽培，在长江以南，可露地栽培。喜湿润环境，对土壤适应性强，但较适宜于富含腐殖质、排水良好的砂质土壤中生长。

分布：原产美洲巴西及南非好望角，我国各地都有栽培。

应用

红花酢浆草具有植株低矮、整齐，花繁叶茂，花期长，花色艳，覆盖地面迅速，栽培容易，管理粗放，能抑制杂草生长等优点，很适合在花坛、花境、疏林地及林缘大片种植。

15）牡丹 *Paeonia suffruticosa*（木芍药、洛阳花、谷雨花、鹿韭）（图6-82）

科名：芍药科

属名：芍药属

观赏形态

花色：花色丰富，有紫色、深红色、粉红色、黄色、白色、豆绿色等。

花形：花单生枝顶，大型，径10～30cm。花型有多种，可分为系、类、组、型四级：四个系即牡丹系、紫斑牡丹系、黄牡丹系和紫牡丹系；两个类即单花类和台阁花类；两个组即千层组和楼子组；组以下根据花的形状分为若干型，如单瓣型、荷花型、托桂型、皇冠型等。

花期：按花期不同可分为早花型、中花型、晚花型和秋冬型（有些品种有二次开花的习性，春天开花后，秋冬可再次自然开花，即称为秋冬型）。

叶形：叶呈二回羽状复叶，小叶长4.5～8cm，阔卵形至卵状椭圆形，先端3～5裂，基部全缘，叶背有白粉。

叶色：叶上面深绿色或黄绿色，下面为灰绿色，光滑或有毛。

株高：0.5～2m。

习性与分布

习性：喜凉恶热，宜燥惧湿，可耐-30℃的低温，在年平均相对湿度45%左右的地区可正常生长；喜阴，亦稍不耐阳。要求疏松、肥沃、排水良好的中性土壤或砂质土壤，忌黏重土壤或低温处栽植。

分布：原产于我国西部及北部，在秦岭伏牛山、中条山、嵩山均有野生，现各地都有栽培。

应用

牡丹是我国特有的木本名贵花卉，花大色艳、雍容华贵、富丽端庄、芳香浓郁，而且品种繁多，素有“国色天香”“花中之王”的美称，长期以来被人们当作富贵吉祥、繁荣兴旺的象征。

16）巢蕨 *Neottopteris nidus*（鸟巢蕨、山苏花）（图6-83）

科名：铁角蕨科

属名：铁角蕨属

观赏形态

株形：常绿草本，根状茎短，顶部密生鳞片，鳞片端

图6-81 红花酢浆草

图6-82 牡丹

图6-83 巢蕨

呈纤维状分枝并卷曲。

叶形：叶革质，两面光滑，丛生于根状茎顶部外缘，向四周辐射状排列，叶丛中心空如鸟巢；具圆柱形叶柄；单叶阔披针形，尖头，向基部渐狭而下延；叶边缘软骨质，干后略反卷；叶脉两面隆起，侧脉分叉或单一，顶端与一条波状脉的边缘相连。狭条形孢子囊群生于侧脉的上侧，向叶边延伸达二分之一。

株高：1～1.2m。

习性与分布

习性：喜温暖、阴湿环境；不耐寒；宜用疏松、排水及保水皆好的土壤栽植。生长适温20～22℃，冬季温度应不低于5℃。

分布：原产于热带、亚热带地区。分布于我国台湾、广东、广西、海南、云南等地及亚热带其他地区。成丛附生于雨林中的树干或岩石上。

应用

中、大型盆栽植物。株形丰满，叶片挺拔、色泽鲜亮，观赏价值高。可植于室内花园水边、溪畔、隐蔽处，或悬吊于空中，或栽植于大树枝干上，营造热带雨林茂盛、葱茏的植物景观，也可切叶。

6.8 兰科花卉

6.8.1 概论

1）含义及类型

兰花广义上是兰科花卉的总称。兰科是仅次于菊科的一个大科，是单子叶植物中的第一大科。兰科植物分布极广，沙漠、沼泽、高山、平原等都有分布，但85%集中分布在热带和亚热带地区。兰花分布受气候和地理环境的严格限制，每一种兰花都有一定的分布区域。园艺中栽培的重要种类，主要分布在南、北纬30°以内，年降水量1500～2500mm的森林中。

全世界具有的兰花属和种数说法不一，有说1000属，2万种；有说约有800属，3万～3.5万种；有说700属，2.5万种。兰科中许多种类的观赏价值极高，目前栽培的兰花仅是其中的一小部分，有悠久的栽培历史和众多的品种。自然界中尚有许多有观赏价值的野生兰花有待开发、保护和利用。

从植物形态上兰科植物分为：

（1）地生兰

生长在地上，花序通常直立或斜上生长。亚热带和温带地区原产的兰花多为此类，中国兰和热带兰中的兜兰属花卉属于这类。

（2）附生兰

生长在树干或石缝中，花序弯曲或下垂。热带地区原产的一些兰花属于这类。

（3）腐生兰

无绿叶，终年寄生在腐烂的植物体上，如天麻，园林中很少栽培。

2）兰花的形态特征

（1）根

根粗壮，近等粗，无明显的主次根之分，分枝或不分枝。根毛不发达，菌根起根毛的作用，这种菌也称兰菌，是一种真菌。

（2）茎

因种不同，茎有直立茎、根状茎和假鳞茎。直立茎同正常植物，一般短缩；根状茎一般呈索状，较细；假鳞茎是变态茎，由根状茎上生出的芽膨大而成。地生兰大多有短的直立茎，热带兰大多为根状茎和假鳞茎。

（3）叶

叶形、叶质、叶色都有丰富的变化。一般中国兰为线、带或剑形；热带兰多肥厚、呈革质，为带状或长椭圆形。

（4）花

花具有3枚瓣化的萼片；3枚花瓣，其中1枚成为唇瓣，颜色和形状多变；具1枚蕊柱。

（5）果实和种子

开裂蒴果，每个蒴果中有数万到上百万粒种子。种子内有大量空气，不易吸收水分；兰花种子的胚多不成熟或发育不全，尤其是地生兰，没有胚乳。

3）生态习性

兰花种类繁多，分布广泛，生态习性差异较大。

（1）对温度的要求

依原产地不同对温度的要求有很大差异，一般在生长期对温度要求较高。原产热带的种类，冬季白天温度要保持在25～30℃，夜间18～21℃；原产亚热带的种类，白天保持在18～20℃，夜间12～15℃；原产亚热带和温暖地区的地生兰，白天保持在10～15℃，夜间5～10℃。

中国兰要求比较低的温度，生长期白天保持在20℃左右，越冬夜间温度5～10℃，其中春兰和蕙兰最耐寒，可耐夜间5℃的低温，建兰和寒兰要求温度高。地生兰不能耐30℃以上高温，要在兰棚中越夏。

（2）对光照的要求

种类不同、生长季不同，对光的要求不同。冬季要求充足光照，夏季要遮阴，中国兰要求50%～60%遮阴度，墨兰最耐阴，建兰、寒兰次之，春兰、蕙兰需光较多。热带兰种类不同，需光差异较大，有的喜光，有的要求半阴。

（3）对水分的要求

喜湿忌涝，有一定的耐旱性。要求一定的空气湿度，生长期要求在60%～70%，冬季休眠期要求50%。热带兰对空气湿度的要求更高，因种类而定。

（4）对土壤的要求

地生兰要求疏松、通气、排水良好、富含腐殖质的中性或微酸性（pH值5.5～7.0）土壤。热带兰对基质的通气性要求更高，常用水苔、蕨根类作栽培基质。

6.8.2 繁殖及栽培要点

1）繁殖要点

兰科花卉以分株繁殖为主，还可以播种、扦插假鳞茎和组织培养。

①分株繁殖：一般3～4年生的植株可以用来繁殖，方法同宿根花卉。

②播种繁殖：主要用于育种，一般采用组织培养的方法在培养基上播种，种子萌发需要半年到1年时间，幼苗要8～10年才能开花。

③扦插假鳞茎：可以直接扦插假鳞茎，也可以每2～3节切成一段扦插。

④组织培养：一般以芽为外植体。热带兰中许多种可用此法繁殖。

2）栽培要点

①栽培方法不同。兰花种间生态习性差异很大，需依种类不同，选择不同的栽培方式。

②选好栽培基质。地生兰以原产地林下的腐殖土为佳，或人工配制类似的栽培基质；兰盆底层要垫碎砖、瓦块以利于排水。热带兰可以选用苔藓、蕨根类作基质。

③依种类不同，控制好生长期和休眠期的温度、光照、水分。如春兰、蕙兰，冬季温度应保持在5℃，高于10℃则影响来年开花；而墨兰、建兰、寒兰，冬季温度需要10℃。热带兰不同种对环境的要求差异很大。

6.8.3 主要种类

1）春兰 *Cymbidium goeringii*（草兰、山兰）（图6-84）

科名：兰科

属名：兰属

观赏形态

花色：浅黄绿色、绿白色、黄白色。

花形：花单生，少数2朵，花葶直立，有鞘4～5片，花直径4～5cm。

花期：2月至3月。

叶形：叶4～6枚，丛生而刚韧，长20～25cm，少数可达100cm，宽0.6～1.1cm，狭长而尖，边缘有细锯齿，叶脉明显。

叶色：深绿色。

株高：20～40cm。

习性与分布

习性：喜温暖湿润，稍耐寒，忌酷热。有两个生长期：花芽生长是8月至翌年3月，中间有2个多月的休眠期，主要生长期在春季，需放在靠近窗台的向阳处；叶芽及假鳞茎的生长主要在夏季，少量在秋季，冬季为休眠期。要求土壤排水好，冬季阳光充足，其他季节适度遮阴。

分布：原产于我国长江流域及西南各省区。

应用

春兰除了可盆栽观赏、配置假山石以外，逢其花时，剪一枝插于长颈小口的瓷瓶中，置于书桌、案几上，可香溢数日，满室飘香，增添雅趣。全株可入药，可治神经衰弱、蛔虫和痔疮等症。

2）建兰 *Cymbidium ensifolium*（雄兰、骏河兰、剑蕙）（图6-85）

科名：兰科

属名：兰属

图6-84　春兰

图6-85　建兰

观赏形态

花色：绿黄色，有红斑或褐斑。

花形：花茎直立，着花5～7朵，花瓣较萼片稍少而色淡，唇瓣卵状矩圆形，花序上部的苞片短于子房。

花期：7月至10月。

叶形：叶丛生，线状披针形，叶缘无齿或近顶部有极细齿。

叶色：暗绿色。

株高：30～60cm。

习性与分布

习性：喜温暖湿润和半阴环境；耐寒性差，越冬温度不低于3℃；怕强光直射；不耐水涝和干旱；宜植于疏松肥沃、排水良好的腐叶土上。

分布：主产于温暖湿润的多山地区，现广泛分布于东南亚和南亚各国，北至日本。

应用

建兰植株雄健，根粗且长，花繁叶茂，栽培历史悠久，品种繁多，在我国南方栽培十分普遍，是阳台、客厅、花架和小庭院台阶陈设佳品，显得清新高雅。

3）大花蕙兰 *Cymbidium hybrid*（喜姆比兰、虎头兰、蝉兰、西姆比兰）（图6–86）

科名：兰科

属名：兰属

观赏形态

花色：黄色、白色、绿色、红色、粉红色及复色。

花形：花型整齐且质地坚挺，花大而多，经久不凋。

花期：白天温度为10～25℃，夜间温度10℃，2月至3月开花。温度低于5℃，花期推迟到4月至5月份。温度在15℃左右，1月至2月开花，花期长达50～80d。

叶形：叶丛生，带状，革质。

叶色：碧绿。

株高：40～120cm。

习性与分布

习性：喜冬季温暖和夏季凉爽；喜昼夜温差大，10℃以上为好；喜光照充足，夏秋防止阳光直射，要求通风透气，为热带兰中喜肥的一种；喜疏松、透气、排水好、肥分适宜的微酸性基质。花芽分化在8月高温期，在20℃以下花芽发育成花蕾和开花状态，生长适温为10～25℃。

分布：原产于我国西南地区，常野生于溪沟边和林下的半阴环境。

应用

大花蕙兰是兰花中较高大的种类。植株挺直，开花繁茂，花期长，栽培相对容易，是高档的盆花。

4）蝴蝶兰 *Phalaenopsis aphrodite*（小接筋藤、金环草、缩筋草、分筋草）（图6–87）

科名：兰科

属名：蝴蝶兰属

观赏形态

花色：纯白色、鹅黄色、红色、淡紫色、橙赤色和蔚蓝色，有不少品种兼备双色或三色。

花形：花茎从叶丛中抽出，稍弯曲而分枝；花大，花形似蝶。

花期：4月至6月，单花可开1个月。

叶形：叶基生，宽椭圆形，肥厚扁平，革质，每年只长2～3片叶。

叶色：正面绿色，背面紫色。

株高：30～60cm。

习性与分布

习性：喜欢高温、高湿、通风透气的环境；不耐寒，不耐涝；耐半阴环境，忌烈日直射；越冬温度不低于15℃。要求富含腐殖质、排水好、疏松的基质。

分布：分布于亚洲与大洋洲热带和亚热带地区，多生于阴湿多雾的热带森林中离地3～5m的树干上，也有的生于溪涧旁的湿石上。

图6–86　大花蕙兰（宁惠娟提供）

图6–87　蝴蝶兰

应用

花形奇特，色彩艳丽，如彩蝶飞舞，深受人们喜爱，是珍贵的盆栽观赏花卉，可以悬吊式种植，也是国际上流行的名贵切花花卉。蝴蝶兰是新娘捧花的主要花材，尽显雍容华贵，亦可作胸花。

5）兜兰属 *Paphiopedilum*（拖鞋兰、美丽囊兰）（图6-88）

科名：兰科

属名：兜兰属

观赏形态

花色：紫红、黄色等。

花形：花茎从叶丛中抽出，着花一朵，偶有两朵；唇瓣呈口袋形；背萼极发达，有各种艳丽的花纹；两片侧萼合生在一起；花瓣较厚。

花期：多数种类冬春时候开花，也有夏秋开花的品种，因而如果栽培得当，一年四季均可观花。单花花期2～3个月。

叶形：叶丛生，较薄，二列状套叠着生，带形或长圆状披针形，大多数种类叶面有斑点或花纹。

叶色：绿色或带有红褐色斑纹、斑点。

株高：30～50cm。

习性与分布

习性：喜温暖、湿润和半阴的环境，怕强光暴晒；不耐寒、不耐热，在温度10～30℃正常生长，5℃不受冻；喜半阴，冬季可不遮光；宜用疏松、排水好的土壤栽植。

分布：原产亚洲热带和亚热带地区，大多数生于温度高、土壤腐殖质丰富的森林中。我国有10余种，多生于广东、广西、云南、贵州等地。

应用

兰花中的小巧类，花形奇特，幽雅高洁，给人清爽之感，是高档盆花。

6）文心兰属 *Oncidium*（跳舞兰、金蝶兰、瘤瓣兰）（图6-89）

科名：兰科

属名：文心兰属

观赏形态

花色：以黄色和棕色为主，还有绿色、白色、红色和洋红色等。

花形：花的构造极为特殊，其花萼萼片大小相等，花瓣与背萼也几乎相等或花瓣稍大；花的唇瓣通常三裂，或大或小，呈提琴状，在中裂片基部有一脊状凸起物，脊上有凸起的小斑点。

花期：10月至12月。

叶形：叶丛生，线形。

叶色：深绿色。

株高：30～50cm。

习性与分布

习性：喜湿润和半阴环境，增加空气湿度对叶片和花茎的生长更有利。硬叶型品种耐干旱能力强，冬季长时间不浇水不会发生干死现象。规模化生产需用遮阳网，冬季需充足阳光。

分布：原种原生于美洲热带地区，种类分布最多的国家有巴西、美国、哥伦比亚、厄瓜多尔及秘鲁等，热带、暖带、高山的温带和寒带等地区均有分布。

应用

文心兰是一种极美丽而又极具观赏价值的兰花，是世界上重要的兰花切花品种之一，适用于家庭居室和办公室瓶插，也是加工花束、小花篮的高档用花材料，现世界各地均有栽培。

图6-88 兜兰

图6-89 文心兰

课后习题

1．一二年生花卉是指什么？有哪些类型？

2．一二年生花卉繁殖栽培要点有哪些？

3．列举出20种景观设计中常用的一二年生花卉，说明它们主要的生态习性和应用特点。

4．宿根花卉是指什么？有哪些类型？

5．宿根花卉繁殖栽培要点有哪些？

6．列举30种景观设计中常用的宿根花卉，说明它们主要的生态习性和应用特点。

7．球根花卉是指什么？有哪些类型？

8．球根花卉繁殖栽培要点有哪些？

9．列举10种景观设计中常用的球根花卉，说明它们主要的生态习性、栽植时间、栽植深度、采后贮藏的方法和应用特点。

10．水生花卉是指什么？有哪些类型？

11．水生花卉在园林应用中有哪些特点？

12．水生花卉生态习性是怎样的？

13．水生花卉繁殖栽培要点有哪些？

14．列举10种景观设计中常用的水生花卉，说明它们的适宜栽植水深、越冬管理和应用的特点。

15．什么是岩生花卉？主要从哪些花卉中选择？

16．岩生花卉具有什么生态习性特点？

17．列出10种岩生花卉的名称。

18．多浆植物在园林中有何作用？

19．列出8种主要的多浆植物，简述其栽培管理要点。

20．多浆植物的主要原产地在哪里？

21．室内花卉是指什么？有哪些类型？

22．室内花卉繁殖栽培要点有哪些？

23．列举10种景观设计中常用的室内观花花卉，说明它们主要的生态习性。

24．什么是室内观叶植物？

25．列举景观设计中常用的室内观叶植物10个属中的一些植物，说明它们主要的生态习性。

26．热带兰和地生兰，洋兰和中国兰各指什么？它们有哪些不同？

27．兰花有哪些常见属？形态上和习性上有哪些特点？

28．兰花在园林中有哪些用途？

7

花卉的应用

[知识要领]

• 掌握花卉应用设计的基本原理，园林花卉应用的类型与相关概念，以及各类型的植物材料与配置方式。

[思政要点]

• 通过本章的学习，学生学会根据不同场地环境特点及要求，花卉的形态、习性及其文化特征，进行各类型花卉应用设计；引导学生将花卉应用与人居环境紧密联系，深入思考人与自然的关系，提高绿色环保意识和创新实践能力，在这一过程中提升学生分析问题和解决问题的能力，并使其深刻领会理论联系实际的道理，培养工匠精神。

[知识结构图]

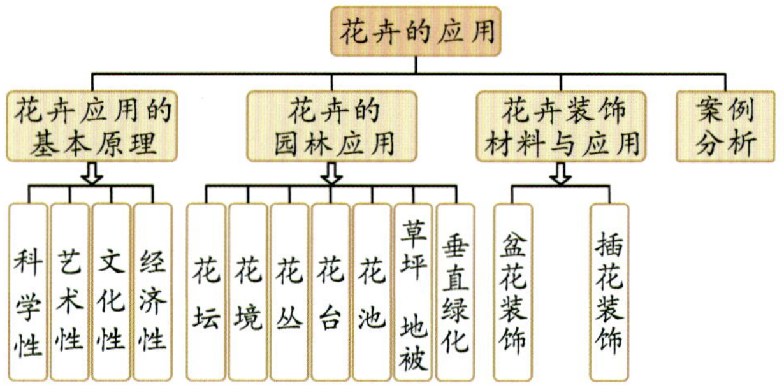

7.1 花卉应用的基本原理

花卉应用设计是人为地运用植物材料创造美的过程，因此花卉应用景观必须符合人们的审美观。以植物元素构建空间的境界分为三个层面：第一个层面为生境。它是植物生存的基本条件，即植物设计的科学性。花卉是活体材料，应用时要考虑其个体的生物学特性、环境因子的影响、群落特征等多方面的因素。第二个层面为画境。它体现了形式美，使人们感受到美好的植物视觉画面，即植物设计的艺术性。花卉景观应符合人们的审美观点与心理需求，符合造型艺术美学的基本原则。第三个层面为意境。植物景观使人产生联想、回味无穷是这一层面的最高境界，其中植物文化是其主要构成要素，植物设计的文化性也十分重要。同时，花卉应用设计还要考虑经济性因素，尽可能以少量的投资，获得美化环境的最佳社会效益与生态效益。

7.1.1 花卉应用的科学性

园林花卉应用设计的直接对象和创作元素是具有鲜活生命力的植物材料，而植物材料除了具有美学要素（即对花卉应用设计至关重要的观赏特性），还具有生物学特征，即生命的特征。花卉如果不能正常、健康地生长和发育，也就很难表现出种或品种所特有的观赏性和美学价值，再好的设计方案也是徒劳的。因此，在花卉应用设计中遵循科学性的原理即在充分了解植物生物学特性的基础上，首先考虑满足植物对环境的要求。

1）根据花卉的生物学特性合理选择花卉的类型

在园林花卉的应用设计中，准确掌握花卉的生物学特性极为重要。从花卉的系统发育和个体寿命而言，花卉有不同的类型，如草本的一二年生花卉、多年生花卉，还有各种木本花卉，它们因类型不同而习性各异。不同类型、不同种类的花卉因形态不同而形成不同的观赏特性；因生命周期和年生长发育周期不同而表现出不同生命阶段及一年中不同季节的观赏特点；因种类不同而叶、花、果期各异，才使得园林中不仅花开次第，而且四季景观各具特色。只有准确掌握各类花卉的生长发育规律，才能在园林花卉配置时，使不同的种类各得其所，充分发挥各自的优势，创造出优美的植物景观。

2）了解植物群落的基本特征，合理进行人工植物群落的配置

园林绿地建设是在城市高度人工化的环境中营造城市植被。园林绿地中许多人工植物群落的结构和层次都比较简单，如行道树，大面积平面种植的花坛、草坪、地被等景观，这类绿地在服务人类的各项活动和游憩方面具有重要的作用。为了提升城市含绿量，从而体现出更好的生态效益，适当地段采用植物复层混交的群落式配置非常重要。建立人工植物群落，必须充分了解和遵循自然界植物群落的构成特征及演替特征。

在一定地段的自然环境条件下，由一定的植物成分形成的有规律的组合即为植物群落。植物群落有一定的种类组成和结构特征，并在植物之间以及植物与环境之间构成一定的相互关系。植物群落的结构特征包含种类的组成、群落的外貌或外形、植物的密度、色相或季相以及群落的成层现象。每一个植物群落都是由一定的种类组成的，植物种类决定了植物群落的其他特征。群落的外貌由群落中植物种类的生活型，如乔木、灌木、藤本或草本植物等决定；植物种类在群落中密度不同，形成群落的郁闭度或覆盖度也不同。同时，由于种类的不同，各种植物群落具有的色相不同，园林绿化中大量选用常年异色叶植物、四季草花，其目的就是创造不同的群落色相。随着因季节变更而发生的物候变化，群落还表现出不同的季相，尤其在四季分明的温带地区更为显著。季相是植物景观中非常重要的内容，也是人工植物群落中常常刻意营造的景观效果。

7.1.2 花卉应用的艺术性

1）园林花卉配置的形式美原理

园林美是园林的思想内容通过艺术性的造园手法，用一定的造园要素表现出来的符合时代和社会审美要求的园林的外部表现形式，它包括自然美、社会美和艺术美三种形态。由于园林构成材料的多样性及审美活动中主客观交融的复杂性，园林美也表现出其复杂性，然而园林美的规律与美的规律是直接同一的。形式美是艺术美的基础，是所有艺术门类共同遵循的规律，园林艺术也不例外。形式美是通过点、线条、图形、体形、光影、色彩和朦胧虚幻感等表现出来的。园林花卉丰富多彩的观赏特征本身就包含着丰富的形式美的要素，在遵循科学性原理的前提下，按照形式美的规律在平面和空间进行合理的配置，形成点、线、面、体等各种不同形式的花卉景观，正是花卉应用设计的基本内容。因此在园林花卉设计中，各要素之间，及同一要素个体之间的布局和设置同样遵循形式美的法则。

（1）和谐的统一性

统一是指由性质相同或类似的要素并置在一起，造成的一种一致的或具有一致趋势的感觉。所谓变化是指由性质相异的要素并置在一起所造成的显著对比的感觉。变化与统一是对立的统一体。优秀的园林必定是由造园的各种要素（地形、植物、山水、建筑等）组合成的有机统一的整体结构，它形成一个理想的环境空间，体现出一定的社会内容，反映出造园艺术家当时所秉持的社会审美意识和观念，达到内容与形式的和谐统一。这一和谐统一的审美特征表现在外在形式上则包含三个层次：构成园林形式的材料要素自身的和谐统一、要素与要素之间关系的和谐统一、要素所组合成的整体空间布局的和谐统一。

（2）比例的协调性

比例是部分对部分、部分对全体在尺度间的数据化的比照。比例是人们在实践活动中，通过对自然事物的总结抽象出来的，能满足视觉要求并具有协调性的物与物的大小关系，因而具有美的观赏效果。园林中美的比例应是园林协调性美的内涵之一。园林存在于一定的空间，园林中各造园要素也以创造出不同的空间为目的。这个空间的大小要适合人类的感觉尺度，各造园要素之间以及各要素的部分与整体之间都应具备协调的比例。在园林花卉的配置上，植物与其他造园要素之间以及植物不同种类之间也充满了比例关系。大型的园林空间必须用高大或足量的植物来达到与环境及其他景观元素比例协调的效果，而小型的园林空间，就必须选择体量较小的植物以及适宜的用量与之匹配。

（3）均衡的稳定性与动感

均衡是指事物的各部分在左右、前后、上下等方面的布局上的形状、质量、距离、价值等要素的总和处于对应相等的状态。均衡分为对称均衡和不对称均衡。在园林中，对称均衡是指建筑、地貌、植物等群体的两方面在布局上同轴对应相等。规则式园林在整体布局上均采用均衡对称的原则。自然风景丰富多彩，绚丽多姿，很难看到对称均衡，然而却处处充满了视觉的均衡。这种两边不对称却又处于平衡的状态称为不对称均衡。不对称均衡是自然界普遍的、基本的存在形式。东方园林，尤其是我国传统园林艺术就是遵循“虽由人作，宛自天开”的原则而进行不对称均衡布局。

（4）节奏与韵律

节奏与韵律指各物体在时间和空间中按一定的方式组合排列，形成一定的间隔并有规律地重复。园林中的节奏和韵律是由园林要素自身的形状、色彩、质感等以及植物、建筑、山石、水等要素的连续、重复的运用，以及在连续、重复中按照一定的规律安排的适当的间隔、停顿所表现出来的。在一个和谐完美的园林中处处存在着节奏与韵律。需要注意的是，在园林植物配置中，节奏与韵律不能有过多的变化，变化过多必然杂乱。

2）园林花卉配置的色彩原理

园林艺术是一种综合的艺术形式，充满了形象、色彩、声响、气味等美学特征，眼睛能感受到的视觉形象是最为重要的审美内容。

（1）色彩学的基本知识

物体由于其内部质的不同，受到光线照射后，产生光的分解现象。一部分光线被吸收，其余的被反射或投射出来，成为我们所见的物体色彩。色相、明度、纯度被称为色彩三要素，它们是识别和分析色彩的首要依据。色相是指物体反射阳光所表现出来的各种颜色，如黄、红、绿、橙、紫等。明度是指物体颜色的明暗程度，其中白色明度最高，黑色明度最低，其他颜色明度从高到低依次为：黄、橙、绿、红、蓝、紫。纯度是指物体颜色的浓淡或深浅程度，又称为彩度或饱和度，艳丽的色彩纯度高，如红色最高，其次是紫、黄、绿、蓝等；黑、白、灰属无彩色系，其纯度为零。花卉配置时如果利用某一种颜色的不同纯度进行搭配，就可形成统一、协调的效果。

（2）色彩与心理

人对色彩的冷暖感觉在花卉配置中具有非常重要的作用，我们常常选用具有不同色感的植物材料来布置不同用途和不同气氛的场合，如喜庆场合常常用暖色调的花卉来营造愉快及热烈的气氛。同样大小的物体，由于颜色造成的错觉，会使人感觉深色的物体面积小，而浅色的物体面积大，这种视错觉在园林花卉的配置中也会运用到。人们在长期的生产实践中，赋予了某些色彩以约定俗成的象征意义。世界上不同国家和地区的民族、宗教信仰和风俗习惯等不同，导致人们对色彩的情感反应也可能不一样。正确理解不同国家和地区色彩的象征意义，运用色彩来表达景观的意境和情调，烘托设计的主题思想，在花卉设计中非常重要。

3）花卉应用中的色彩设计

（1）统一配色

统一配色就是要求在整体色彩设计时，追求统一、协调的效果，而不是变化突兀、对比强烈。统一配色可创造多种艺术效果。

（2）对比配色

对比配色重在表现变化、生动、活泼、丰富的效果。强烈的对比能展现各个色彩的特征，给人以强烈、鲜明的印象。因此对比配色中，各种颜色不能等量出现，而应主次分明。在变化中求得统一，最为关键。

（3）层次配色

层次配色是指色相或色调按照一定的次序和方向进行变化。这种配色效果整体统一，并且有一定的节律和方向性。层次配色时色彩既可以沿花坛、花境等长轴方向渐次变化，也可以由中心向外围变化，应根据具体配置方式而定。

（4）多色配置

多色配置是指将多种色相的颜色配置在一起。花卉配置时应注意各种色彩的面积不能等量分布，要有主次，以求得丰富中的统一。另外还要注意在色调上力求统一。

7.1.3 花卉应用的文化性

中国园林在美学上的最大特点是重视意境的创造。园林意境是园林通过形象所反映的情感，使游赏者触景生情，产生情景交融效果的一种艺术境界。因此，在花卉设计中要体现花卉景观设计的内涵与精神元素，就应对其设计环境的属性、理念、主题、历史、文化和典故等进行全面调研，提炼特色与表达形式。

花卉应用的文化性对花卉种类的选择和配置起到十分重要的作用。中国园林艺术不仅对花卉的自然生物学特征方面的美学因素有着深刻感悟和创造性的应用，还赋予花卉以深刻的文化内涵，形成中国特有的花文化。意境的时空变化源自花卉的物候或生命节律的变化，花卉的色、形、姿、香、韵及声的美学特征能够表达意境的文化内涵。在对花卉生物学特征的了解和人为赋予的精神属性的深刻认识的基础上，通过花卉之间以及花卉与其他造园要素的适当配置才可能最终创造出富有意境的园林空间。

7.1.4 花卉应用的经济性

在所有的花卉类别中，一二年生花卉是一种费钱、费工的植物，寿命较短，观赏期也很有限，而且养护管理又要求精细，所以在应用时一定要从实际出发，根据人力、物力和财力适当应用。一般多选用工少、寿命长、管理粗放的花卉种类，如球根花卉和宿根花卉等。花卉景观设计根据建设项目投资确定设计方案，花卉配置在满足科学性与艺术性的前提下，应考虑投入问题。在种苗规格大、价格高的情况下，选择播种木本植物或多年生草本花卉形成地被，使其先实现一定的生态与美化功能，之后逐渐通过间苗实现设计意图，可以相对降低成本投入。此外，还可通过选择低成本的植物种类与空间构成形式实现设计意图。

7.2 花卉的园林应用

7.2.1 花坛

1）花坛的概念与类型

花坛是在具有一定几何轮廓的种植床内种植颜色、形态、质地不同的花卉，以体现色彩美或图案美的园林应用形式。花坛具有规则的外部轮廓与内部配置植物，属于完全规则式的园林应用形式。花坛具有极强的装饰性和观赏性，常布置在广场和道路的中央、两侧或周围等规则式的园林空间中。

（1）根据表现主题的不同进行分类

①盛花花坛

以色彩美为其表现主题，又称花丛式花坛。这种花坛简单，不宜采用复杂的图案，但要求图案轮廓鲜明，对比度强。盛花花坛着重观赏开花时花草群体所展现出的华丽鲜艳的色彩，因此必须选用花期一致、花期较长、高矮一致、开花整齐、色彩艳丽的花卉，如三色堇、金鱼草、美女樱、鸡冠花等。同一花坛内的几种花卉之间的界限必须明显，相邻的花卉色彩对比一定要强烈，高矮不能悬殊。盛花花坛的观赏价值高，但观赏期较短，需要经常更换花材来延长观赏期（图7-1、图7-2，均由宁惠娟提供）。

②模纹花坛

此种花坛以精细的图案为表现主题，又称为图案式花坛、毛毡式花坛、镶嵌式花坛等。由于要清晰准确地表现纹样，模纹花坛中应用的花卉应植株低矮、树丛紧密、生长缓慢、耐修剪，如五色苋、三色堇、半枝莲、矮牵牛、香雪球、佛甲草、彩叶草、四季秋海棠等，或以鲜花直接布置。图7-3为杭州庆春路广场中以康乃馨等鲜花布置而成的模纹花坛。

③标题式花坛

此种花坛用观花或观叶植物组成具有明确主题思想的图案，按其表达的主题内容可分为文字花坛、肖像花坛、象征图案花坛等。此类花坛一般设定在斜面上，便于观赏。图7-4为2012西溪花朝节主入口的花卉装饰，是运用鲜花布置成“花开杭城，幸福西溪”文字，中间运用心形构架，共同体现“幸福”这一主题的标题式花坛。

④装饰物花坛

此种花坛是以观花、观叶或不同种类植物配置成的具有一定使用目的的装饰物花坛，如日历、时钟、日晷等。

⑤立体造型花坛

此种花坛将枝叶细致的植物材料种植于一定的结构上形成花卉立体装饰，如花篮、花瓶、建筑物（图7-5）、动物（图7-6）等具体与抽象的立体造型（图7-7）。所用材料以五色苋、四季秋海棠、鲜花等种类为主。

⑥混合花坛

此种花坛是不同类型的花坛如盛花花坛与模纹花坛、

图7-1　盛花花坛（1）

图7-2　盛花花坛（2）

图7-3　模纹花坛

图7-5　建筑物造型花坛

图7-4　标题式花坛

平面花坛与立体花坛结合，甚至是花坛与水景、雕塑、园林小品等结合而成的综合花坛景观（图7-8、图7-9）。

（2）根据布局方式不同进行分类

①独立花坛

独立花坛一般是作为一个主体而存在的花坛，又可称为主体花坛，可以是盛花花坛、模纹花坛、标题式花坛或装饰物花坛等。主要布置在广场中央、街道或道路的交叉口（图7-10）、出入口、建筑的正前方等，形式多样。

②花坛群

运用多个花坛组成的不可分割的构图整体，称为花坛群。花坛群内部有铺装道路、草坪等可供游人进入。图7-11为杭州花圃花坛群。

图7-6　动物造型花坛

图7-7　立体造型花坛

图7-8　混合花坛（1）

图7-9　混合花坛（2）

图7-10　独立花坛

2）花坛的设计

花坛的设计包括花坛的外形轮廓、高度、边缘的处理，花坛的内部纹样、色彩的设计以及花材的选配等。同时花坛的设计应该遵循生态性、艺术性、科学性、经济性、合理组织空间等原则。

花坛的外形轮廓设计应服从园林规划布局的要求。作为主景设计的花坛一般采用辐射对称、四面观赏外形，而作为建筑物的陪衬则可采用左右对称、单面观赏的轮廓。

花坛的高度设计应主要从方便游人观赏的角度出发，如四面观赏的花坛一般要求中间高、四周低。

花坛的边缘处理主要考虑对花坛进行装饰和避免游人践踏，一般设有缘石和矮栏杆。

花坛内部的纹样和色彩应与园林风格相适应，营造热烈气氛采用鲜艳的色彩，严肃的环境则需要准确展示纹样。花坛中花材的选配应满足不同主题的花坛的要求，考虑高度和色彩的搭配，并注意花期的一致性。

7.2.2 花境

1）花境的概念与特点

花境是园林中从规则式构图向自然式构图过渡的一种半自然带状种植形式，以表现植物个体所特有的自然美以及它们之间自然组合的群落美为主题。花境一次设计种植，可多年使用，并能做到四季有景。

花境的特点主要表现为花境是有种植床的，种植床两边的边缘线是连续不断的平行直线，或是有集合轨迹可循的曲线，是沿长轴方向演进的动态连续构图。另外，单面观赏的花境需要有背景，其背景可以是装饰围墙、绿篱、树墙或格子篱等，通常呈规则式种植。半自然式种植设计的花境，也是竖向和水平方向的综合景观表现。此外，花境内部配置植物有季相变化，四季（三季）美观，每季以3～4种花为基调开放，形成季相景观。图7-12至图7-15为沿道路边缘的花境设计，是以其他元素作背景所构成的季相花境。

图7-11　花坛群

图7-12　季相花境（1）

图7-13　季相花境（2）

2）花境的类型

（1）依花境设计形式分类

①单面观赏花境

单面观赏花境为传统的花境应用设计形式，多临近道路设置，并常以建筑物、矮墙、树丛、绿篱等为背景，前面为低矮的边缘植物。整体上前低后高，仅供单面观赏（图7-16）。

②双面观赏花境

双面观赏花境多设置在道路、广场和草地的中央，植物种植总体上以中间高、两侧低为原则，可供两面观赏。这种花境没有相对应的背景，如图7-17所示，两边为木栈道的花境，供游人观赏。

③对应式花境

对应式花境是在园路轴线的两侧，广场、草坪或建筑周围设置的呈左右二列式相对应的两个花境。对应式花境在设计上统一考虑，作为一组景观呈现，多采用对称手法，力求富有韵律变化之美（图7-18）。

（2）依花境所用的植物材料分类

①灌木花境

其内所用的观赏植物都是灌木。所选用的材料以观花、观叶或观果且体量小的灌木为主。

②宿根花卉花境

其全部由可露地过冬、适应性较强的宿根花卉组成，如鸢尾、菊花（图7-19）、芍药、萱草、玉簪、耧斗菜、荷包牡丹等。

③球根花卉花境

其内栽植的花卉为球根花卉，如百合、石蒜、大丽菊、水仙、郁金香、唐菖蒲等。

④专类植物花境

由一类或一种植物组成的花境，如由叶形、色彩及株形等不同的蕨类植物组成，由不同颜色和品种的芍药组成，由不同品种的鸢尾属花卉组成等。

图7-14　季相花境（3）

图7-15　季相花境（4）

图7-16　单面观赏花境

图7-17　双面观赏花境

⑤混合花境

由灌木和多年生花卉组成的花境，如图7-20为西溪湿地入口处的花境，由吊兰、天竺葵、美女樱、黄晶菊、鸡爪槭、樱花、枸骨等配置而成；图7-21为杭州菊花展示会上的一个作品，由菊花、巴西木、苏铁、花叶蔓长春花等组合而成。

3）花境的植物配置

花境宜选择适应性强、耐寒、耐旱、当地自然条件下生长强健且栽培管理简单的多年生花卉。根据花境的具体位置，还应考虑花卉对光照、土壤及水分的适应性。

观赏性是花境花卉的重要特征。通常要求植于花境的花卉花期长或花叶兼美，种类的组合上则应考虑立面与平面构图的结合，株高、株形、花序形态等变化丰富，有水平线条与竖直线条的交错，从而形成高低错落有致的景观。种类的构成上还需色彩丰富，质地有异，花期具有连续性和季相变化，使整个花境的花卉次第开放，形成优美的群落景观。

花境的季相变化是它的特征之一。理想的花境应该是四季有景，寒冷地区可以做到三季有景。花境的季相是通过不同季节开花的代表种类及其花色来体现的，在配置的时候应该仔细考虑。

7.2.3 花丛

（1）花丛的概念

花丛重在表现植物开花时华丽的色彩或彩叶植物美丽的叶色。花丛既是自然式花卉配置最基本的单位，也是花卉应用最广泛的形式。花丛可大可小，小者为丛，集丛为群，大小组合，聚散相宜，位置灵活，极富自然之趣。因此，花丛最适宜布置于自然式园林环境里。此外，也可点缀于建筑周围或广场一角，对过于生硬的线条和规整的人工环境起到软化和调和的作用。图7-22为路缘一角点缀的马蹄莲，图7-23为座凳之间配置的矮牵牛，图7-24为美国北加州Sonoma街旁种植的小黄菊花丛，这些花丛除了点景之外，还起着软化硬质景观的作用。

（2）花丛的植物配置

花丛花卉在种类的选择上要求植株茎秆必须挺拔直立，叶丛不能倒伏，花朵或花枝应着生紧密，以宿根或球根类花卉为宜，常用的花卉有小菊、芍药、萱草、鸢尾、

图7-18　对应式花境

图7-19　菊花花境

图7-20　混合花境（1）

图7-21　混合花境（2）

百合、郁金香、水仙、风信子、石蒜、葱兰、文殊兰等，或可用时令一二年生花卉。有时也有组合式花丛，由观花灌木与草花结合而成，图7-25为西溪湿地中矮牵牛与杜鹃花配置的花丛，其与绿色草坪及其他树木相互辉映。园林配置中，根据环境尺度和周围景观，既可以单种植物配置成大小不等、聚散有致的花丛，也可以两种或两种以上花卉组合成丛，但花丛内的花卉种类不能太多，要有主有次。各种花卉混合种植时，不同种类要高矮有别，疏密有致，富有层次，达到既有变化又有统一的要求。

7.2.4 花台

（1）花台的概念与特点

花台是在高出地面几十厘米的种植床中栽植花木的园林形式。花台一般装饰在建筑物门的两侧或庭院中央、窗台下方等地方。花台的特点主要是种植槽高出地面，装饰效果更为突出。另外，花台的外形轮廓是规则的，而内部植物配置有规则式的，也有自然式的。

（2）花台的植物配置

花台最初用于栽植名贵的花木，如梅花、蜡梅、牡丹、杜鹃、山茶、石榴、松、柏、竹、南天竹等，非常注重植株的姿态和造型，常在花台中配置山石、小草等，属于自然式的植物配置形式。这种花台常见于中国古典园林或民族建筑的庭园内，通常把花台当盆，模仿盆景的形式进行布置。

现代园林中的花台更像是小而高的花坛，在外形规则的种植槽中种植一二年生花卉。由于面积较小，每个花台内一般只栽种一种花卉，以处于盛花期、颜色鲜艳的花为主。又由于花台较高，故常选用株形较矮、株丛紧密或匍匐性的花卉，使它们的匍匐枝或叶片从台壁的外沿垂挂下来，如天门冬、书带草、郁金香等。这种花台一般布置在广场或庭院的中央，也可布置在建筑物前。图7-26为庭院花台；图7-27为旧金山愚人码头广场边的花台，由报春

图7-22　马蹄莲花丛

图7-23　矮牵牛花丛

图7-24　小菊花与菱草花

图7-25　矮牵牛与杜鹃花丛

花、鸢尾组合而成；图7-28为Sonoma商店门前花台，用来分割空间。

7.2.5 花池

（1）花池的概念与特点

花池是在特定种植槽内栽种花卉的园林形式。花池的主要特点在于其外形轮廓可以是自然式的，也可以是规则式的，内部的花卉配置以自然式为主。因此，与花坛的纯规则式布置不同，花池是纯自然式或由自然式向规则式过渡的园林形式。

（2）花池的植物配置

花池可分为自然式花池和规则式花池。自然式花池常见于中国古典园林，其种植槽多由假山石围合而成，池中花卉多以传统木本名花为主体，衬以宿根花卉，如以花坛中作装缘植物的麦冬、吉祥草、书带草以及玉簪、萱草、兰花等草花衬托松、竹、南天竹、蜡梅等花木的姿态。规则式花池常见于现代园林，其形式灵活多变，有独立的，也有与其他园林小品相结合的，如将花池与栏杆、踏步相结合，可争取更多的绿化面积，创造舒适的环境。规则式花池中的植物选用更为灵活，除盆景式花池外，一般规则式花池选用鲜艳的花草以加强装饰效果。图7-29为旧金山科技馆内花池，池内种植观赏草花、观叶植物，结合艺术喷泉，形成具有现代感的一个花池。

7.2.6 草坪、地被

（1）草坪、地被的概念及作用

地被是采用低矮紧密的植物材料对地面进行覆盖的园林形式。草坪（图7-30）是地被的一种，特指用以禾本科、莎草科为主的草本植物对地面进行覆盖的地被形式。地被是园林中为提高园林环境质量，达到“黄土不露天”

图7-27　广场花台

图7-26　庭院花台

图7-28　商店门前花台

的绿化效果所采用的园林形式。在园林艺术上，它把树木花草、道路、建筑、山丘及水面等各个风景要素，更好地联系与统一起来；在功能上，为游人提供了更广阔的活动场地，并能防止水土流失，减少尘土，湿润空气及缩小温差；在经济上，有些草坪及地被植物能作为饲料或药材。

（2）草坪、地被的类型及植物配置

根据草坪及地被植物在园林应用中的不同，可将其分为以下各种类型：

①观赏草坪（图7-31）。这类草坪主要供装饰美化，不供入内游憩。因此要求草种返青早、枯黄迟、观赏性高，是否耐踩则要求不严，主要应用茎叶细小而低矮的草种，如异穗苔等，有时也可混种一些植株低矮、花叶细小、适应性强、有适度自播能力的草花，形成嵌花草坪。如广场内的草坛，建筑物四周、道路旁、分车道或花间的小块草坪等，都属于观赏草坪。

②游憩草坪。一般面积较大，分布于大片的平坦或起伏平缓的地段及树丛树群间，主要供人们散步游憩及进行小运动量的体育活动或游戏。草种要求耐践踏，茎叶不污染衣服。植株高度控制在8～10cm为宜，最好是具有匍匐茎的草种，生长后草坪表面平整。宜用于游憩草坪的草种有结缕草、狗牙根、假俭草、匍匐剪股颖等。图7-32为旧金山金门植物园内草坪，采用耐践踏的结缕草，可供游人进行相关活动。

③体育运动草坪。主要指供足球、网球及棒球等球类正规练习及比赛的球场所用的草坪。对草种的要求是更耐践踏且表面应极为平整，草的高度应控制在4～6cm，要均匀，具一定的弹性。常用的草种有结缕草、假俭草、野牛草等。游泳日光浴场的草坪，要求茎叶柔软而草层较厚，对耐踩性要求可略低，如狗牙根、羊胡子草及野牛草等。

④固土护坡草坪及地被植物。该类草坪要求适应性强、根系深广、固土能力高的草种。栽种护坡植物的地段，通常不供游人活动，故对地上部分生长的高度等无

图7-29　花池

图7-30　草坪

图7-31　观赏草坪

图7-32　游憩草坪

特殊要求。但对航空港如机场跑道四周的植物覆盖物（图7-33），除了上述要求外，还要求是低矮的，且能吸尘、消声并抗碳氢化物等废气的草种。可以作为固土护坡的草坪及地被植物的种类很多，要求具备下列特点：抗性强，在山坡瘠地要求抗旱耐寒性强，在林下树丛间需耐阴性强，在湖泊水边要耐水湿等；栽种后能通过种子或根茎迅速自播蔓延扩大，并在较长年限内生长稳定；对人畜无毒害，也无特殊气味；对有害气体有一定的抗性；植物群体及季相变化有一定的观赏价值；最好还可以作为饲料或药材、纤维、蜜源等。固土力强的有红顶草、大剪股颖、野苜蓿及白车轴草等；对有害气体抗性较强的有野牛草、羊胡子草、狗牙根、假俭草、结缕草、萱草、金银花、加拿大一枝黄花、葱兰等。

草坪及地被植物除了上述应用外，还有掩盖裸露地面的作用。其选材范围很广，凡生长强健、能适应当地环境的物种均可入选，包括各种露地花卉及部分低矮匍匐的木本植物。对植物种类的观赏、实用功能与经济效益的要求，应根据不同地段有所侧重。

7.2.7 垂直绿化

（1）垂直绿化的概念与意义

垂直绿化（图7-34）是相对于平地绿化而言的，属于立体绿化的范畴，主要利用攀援性、蔓性及藤本植物对各类建筑及构筑物的立面、篱、垣、棚架、柱、树干或其他设施进行绿化装饰，形成垂直面的绿化。

对篱笆、棚架或其他设施进行垂直绿化，可以丰富园林景观并为游人提供遮阴、休息的场所；对各种墙垣的绿化不仅具有美观作用，还可起到固土、防止水土流失的作用；对建筑墙面进行垂直绿化，可以降低辐射热，减少眩光，增大空气湿度和增强滞尘隔噪作用。垂直绿化还具有占地少、见效快、覆盖率高，使环境更加整洁美观、生动活泼的优点，是有效增加绿化面积、改善城市生态环境及提高景观质量的重要措施。

（2）垂直绿化的类型及设计

根据垂直绿化中建筑及支撑物的类型，可将垂直绿化分为五类。

①墙面的垂直绿化。泛指对建筑或其他人工构筑物的墙面进行绿化的种植形式。通常有四种形式：a．直接攀附式，利用吸附性攀援植物直接攀援墙面形成垂直绿化，是最为常见且经济、实用的垂直绿化方法，图7-35为攀爬于墙面的薜荔。不同植物的吸附能力不同，墙面的质地不同，植物的吸附性也不同。有的建筑墙体因表面较为光滑或其他原因不便于直接攀附植物的，可在墙面安装各种

图7-33 机场草坪

图7-34 垂直绿化

图7-35 攀附式

直立的、横向的或格栅状的支架供植物攀附，使许多卷攀型、钩刺型、缠绕型植物都可借支架绿化墙面。b．悬垂式，在低矮的墙垣顶部或墙面设种植槽，选择蔓性强的攀援、匍匐及垂吊型植物，如常春藤、忍冬、木香、蔓长春花、云南黄馨、紫竹梅等，使其枝叶从上部披垂或悬垂而下；也可以在墙的一侧种植攀援植物而使其越墙悬垂于墙的另一侧，从而使墙体两面及墙顶均得到绿化；或者用悬挂的观赏吊篮形成垂直装饰，如图7-36为采用矮牵牛吊篮装饰街景。c．嵌合式，园林中一些装饰性墙面，如墙垣或挡土墙等可以在构筑墙体时在墙面预设种植穴，填充栽培基质，栽植一些悬垂或蔓生的植物，形成嵌合式垂直绿化（图7-37）。这种方式应该选择耐旱性较强的植物种类，或者需要有相应的灌溉设施等。d．直立式，是将一些枝条易于造型的观赏乔灌木紧靠墙面栽植，通过固定、修剪、整形等方法，使之沿墙面生长的一种绿化形式。

②篱、垣、栅栏的垂直绿化。篱、垣、栅栏都具有围墙或屏障功能，在结构上又是具有开放性与通透性的构筑物。使植物攀援、披垂或凭靠篱、垣、栅栏形成绿墙、花墙、绿篱、绿栏等，既是对篱、垣、栅栏（图7-38）的垂直绿化，也是简单易行的一种绿化和美化方式。应用于这类垂直绿化的植物种类主要有藤本月季、蔷薇类、木香、叶子花、云南黄馨、爬山虎、牵牛、茑萝、铁线莲类等以及丝瓜等观赏瓜类。图7-39为西溪湿地内小桥栏杆装饰，主要由矮牵牛、金边吊兰、小菊组合而成。

③棚架及绿亭的垂直绿化。棚架不仅具有观赏作用，而且兼具遮阴、游览及休息的功能，园林中通常称为花架。园林设计中要根据具体的环境及对花架的功能要求选择适当的造型和材料，使花架和植物材料有机融为一体，既起到隔景、遮阴、供游人休憩游赏的目的，又能成为园林中的景观。对于卷攀型、吸附型植物，棚架要多设些间隔适当的，便于吸附、卷缠的格栅；对于缠绕型、棘刺型植物则应考虑设置适宜的缠绕、支撑结构，并在初期对

图7-36　悬垂式

图7-37　嵌合式

图7-38　栅栏绿化

图7-39　桥栏杆绿化

植物加以人工辅助和牵引。配置于花架的植物通常选择生长旺盛、枝叶茂密、能开花结果的攀援和藤本植物，如木香、紫藤、凌霄、金银花、葡萄、木通、使君子、葫芦、炮仗花、牵牛花等。

④拱门的垂直绿化。指用观赏植物造型成门形或将植物攀附于各种形式的出入口进行装饰的花卉应用形式。其主要分为3类：a．造型花门，即用观赏花木经过盘扎造型制作而成的花门，植物材料通常选用枝条柔软、易编扎造型的种类，如紫薇、叶子花、女贞、桂花等；b．架式花门，即用钢筋设计成拱形门，在基部种植藤本植物如藤本月季、蔷薇、凌霄、紫藤、叶子花等，使其沿钢筋格架攀援而上形成花门，图7-40为用黄木香与草花组合而成的拱门造景；c．其他形式的花门，即在各种出入口的两侧基部种植攀援植物，通过人工牵引使其攀附于门的周围进行装饰而形成的花门。花门不仅具有门的分隔和连接景区的作用，还具有导向作用，造型别致的花门本身就是一个景点；位置设置巧妙时，花门还具有框景的作用，是园林中可游、可赏的一个内容。

⑤杆柱式垂直绿化。指将植物材料攀援于杆、柱物体上，形成绿柱或花柱的垂直绿化形式（图7-41）。这种绿化形式可选择缠绕类、吸附类攀援植物，如地锦、常春藤、凌霄、常春油麻藤和麒麟尾等；也可以利用构架物与基质，固定种植草花，如矮牵牛、秋海棠等植物。

7.3 花卉装饰材料与应用

7.3.1 盆花装饰

1）盆花装饰的概念与特点

盆花装饰是指用盆栽花卉进行的装饰。广义的盆栽花卉既包括以观花为目的的盆花，又包括以观花、观叶、观果、观形为目的栽培的观赏盆景等。

盆花装饰用的植物种类多，不受地域适应性的限制，栽培造型方便，布置场合随意性强，在室外可装点街道、广场及建筑周围，也可装点阳台、露台和屋顶花园，在室内可装饰会场、休息室、餐厅、走道、橱窗以及家居环境等，是花卉植物应用很普遍的一种形式。

2）盆花的种类

（1）根据观赏部位分类

①盆花类。以观赏花部器官为主的盆栽花卉有矮牵牛、菊花、大丽花、仙客来、瓜叶菊、一品红、茶花、月季、牡丹等，图7-42、图7-43为组合盆花，图7-44为千年牡丹新生植株。

②观叶类。以观赏叶色、叶形为主的植物种类，包括木本观叶植物和草本观叶植物，木本观叶植物如南洋杉、龙血树、苏铁和棕竹等，草本观叶植物如袖珍椰子、绿萝、白掌、广东万年青、秋海棠、冷水花、豆瓣绿、虎尾

图7-40 拱门绿化

图7-41 杆柱式绿化

图7-42 组合盆花（1）

图7-43 组合盆花（2）

图7-44 千年牡丹新生植株

兰、文竹和旱伞草等。图7-45为扶芳藤盆景，图7-46为白掌盆栽，观叶类盆花主要用来点缀窗景。

③盆景类。盆景艺术造型多采用喜光的树木类，如五针松、六月雪、火棘、九里香等。

（2）根据植物姿态及造型分类

①盆栽式。盆栽花卉种类繁多，形态各异，可依其自然姿态选择适宜的环境进行装饰，如仙客来、瓜叶菊、天竺葵（图7-47）、中国兰、苏铁、散尾葵等。

②垂吊式。茎叶细软、下弯或蔓生的花卉可作垂吊式栽培，放置室内几架高处，或嵌放在街道建筑物或房屋建筑的墙面等，也可植于吊篮，悬挂窗前、檐下。垂吊式盆花的枝叶自然下垂，姿态潇洒自然，装饰性很强，如绿萝（图7-48）、吊兰、常春藤等。

③立柱式。盆中央直立一柱，柱上缠以吸湿的棕皮等软质材料，然后种植攀援性或具有气生根的花卉（如绿萝、黄金葛、合果芋和喜林芋等），或直接种植一些观赏植物。植物的根可从立柱内吸收养分（图7-49），供其生长需要。全株形成直立柱状。

④攀援式。蔓性和攀援性花卉盆栽后，可经牵引沿室内窗前墙面或阳台栏杆攀爬，使室内生机盎然，如铁线莲（图7-50）、旱金莲、常春藤、鸭跖草、观赏南瓜等。

图7-45　扶芳藤盆景

图7-46　白掌盆栽

图7-47　天竺葵

图7-48　绿萝

图7-49　巴西木

图7-50　铁线莲

⑤组合式。将以上类型进行组合造景。

3）盆花装饰技艺

（1）室外装饰。室外盆花常应用于建筑周围铺装场地，在盛大节日、迎宾、庆典时作为街道、广场的临时性装饰。应根据布置的形式和场地的环境条件选用不同形态与生态要求的植物种类，在摆放期要精细照管。图7-51为杭州都市花卉节会场主席台前盆花布置。

（2）室内装饰。室内不同区域的生态环境有很大的差异，布置时要根据不同区域的光照强度、空气湿度等进行对应的植物配置。在配置的同时要注意装饰效果应与装饰目标和气氛相一致，并且要符合一定的造型艺术的基本法则，图7-52为上海某商场内庭电梯围栏绿化装饰，图7-53为花卉销售市场室内展示。

7.3.2 插花装饰

1）插花的概念及特点

插花是指将花材按一定的构思和造型，经过加工插于盛水的容器或基质中制作成的作品。插花是一种室内装饰的艺术，是以植物可供观赏的枝、叶、芽、花、果、根等为材料，按照一定的创作原则，插成的一件精致美丽、富有诗情画意的花卉装饰品，并借此表达一种主题，传递一种情感和情趣，使人看后感到赏心悦目，获得精神上的美感和享受。

插花（图7-54）是通过具有生命力的花草来表现的，因此，插花艺术与室内其他花卉装饰相比，有许多独特之处：生命性强，是以活体为素材的造型艺术，可以展示生命的变化，是其他艺术品无法效仿的；时间性强，插花艺术品所陈设的时间较短，而且构思、造型要求迅速而灵活，并且要经常性地更换花材，重新布置；随意性强，插花艺术的随意性、灵活性比较大，即插花的创作和作品陈设布置都比较简便和灵活；装饰性强，插花艺术品极易渲染气氛，富有强烈的艺术感染力，极易美化环境。

2）插花的作用与类别

插花作为鲜花的重要布置形式正在逐渐大众化，它在

图7-51　室外盆花

图7-52　电梯围栏绿化

图7-53　花卉市场室内展示

人们的生活中发挥着重要作用。插花装饰，可美化环境，改善人际关系；插花陶冶情操，能提高人们的精神文化素质；插花促进生产，能增加消费，推动经济发展。另外，插花的每一植株或花朵还具有净化环境、提高空气质量的作用。

由于各国的地理位置、文化传统、民族特点的差异，世界各国的插花艺术风格也各不相同。

①按照插花艺术的风格分类，可分为西方式、东方式和现代插花。西方式插花（图7-55）的整个插花外形为对称均衡、规则的几何图形，作品形体比较高大，多选用不同颜色和质感的花材，且多采用成簇的插法；色彩浓重艳丽，气氛热烈，有豪华、富贵之气魄。东方式插花（图7-56）在造型上以自然线条构图为主，充分利用植物材料的自然形态，采用不对称式构图法则，讲究画意，布局上要求主次分明、虚实相间、俯仰相应、顾盼相呼，形体小巧玲珑，色彩上以淡雅、朴素著称。现代插花（图7-57）融合了东西方插花艺术的特点，既有优美的线条，也有明快艳丽的色彩和较为规则的图案，融入了现代人的意识，追求变异，不受拘束，可自由发挥，在选材、构思、造型上不拘一格。

②按照用途分类，可分为礼仪插花、艺术插花。

③按照花材性质分类，分为鲜花插花，干花插花，人造花插花，干、鲜花混合插花。

④按照容器样式分类，可分为壁花（图7-58）、瓶花（图7-59）、盘花（图7-60）、篮花、钵花。

3）其他形式的插花

①花束。手持的礼仪用花，用以迎送宾客，馈赠亲友。

②花篮。将切花插于用藤、竹、柳条等编制的花篮中的插花形式，常用于商务、喜庆场合，探亲访友以及室内装饰等。

③花环。将切花捆附在用软性枝蔓扎成的圆环上制成的装饰品或礼品称花环（图7-61）。

④桌饰。用于宴会餐桌的装饰花称为桌饰。桌饰花要求精细美丽，常用的花材既有传统的月季、香石竹、非洲菊、菊花、热带兰和水仙等，也有新型的现代线形衬材用小花类以及各种水果。

图7-54 插花

图7-55 西方式插花

图7-56 东方式插花

图7-57 现代插花

⑤捧花和胸花。捧花常被称为新娘捧花，供新娘在婚礼上使用，可分为束状捧花、圆球形捧花和下垂形捧花。捧花所用花材要精致、美丽或有香气。胸花是由切花组合成的小型的花束小品，佩戴在胸前或衣襟、裙子或发际。制作时用花量少而精，以小型的花朵如香石竹、铃兰、热带兰等为主花；再以小花、细叶作衬花，如丝石竹、文竹等。制作精巧、高雅，装饰性强。

⑥其他。利用切花制作成的其他玩物或装饰品还有不少，如我国民间有“串花”技术，将干后不易凋落的花朵，如千日红、鸡冠花、芦花、狗尾草等串编成鸟兽虫鱼等形状的玩具。

7.4 案例分析

7.4.1 花坛设计

图7-62至图7-64为节日组合花坛，该花坛为三角绿地，总面积约84m^2，保留原有的乔木，设置龙形雕塑展现“龙跃腾飞”“祥瑞满天”的新年愿景，设置茶壶和茶杯

图7-59 瓶花

图7-60 盘花

图7-58 壁花

图7-61 花环

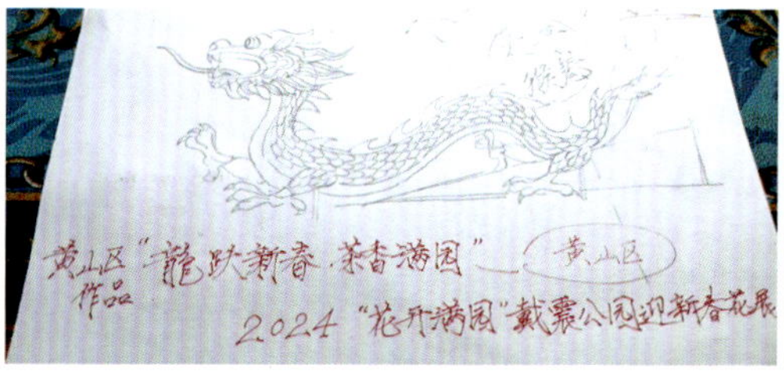

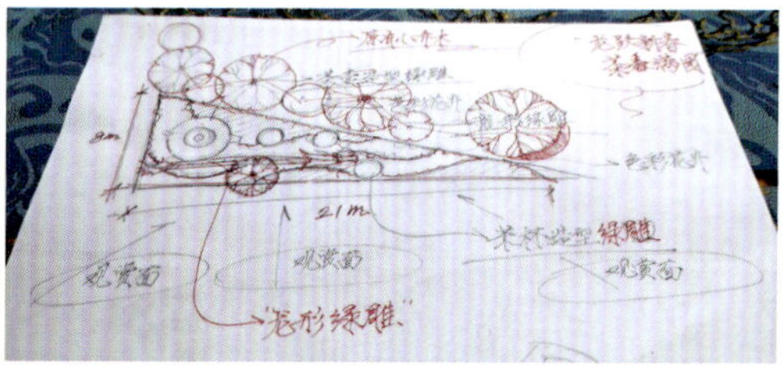

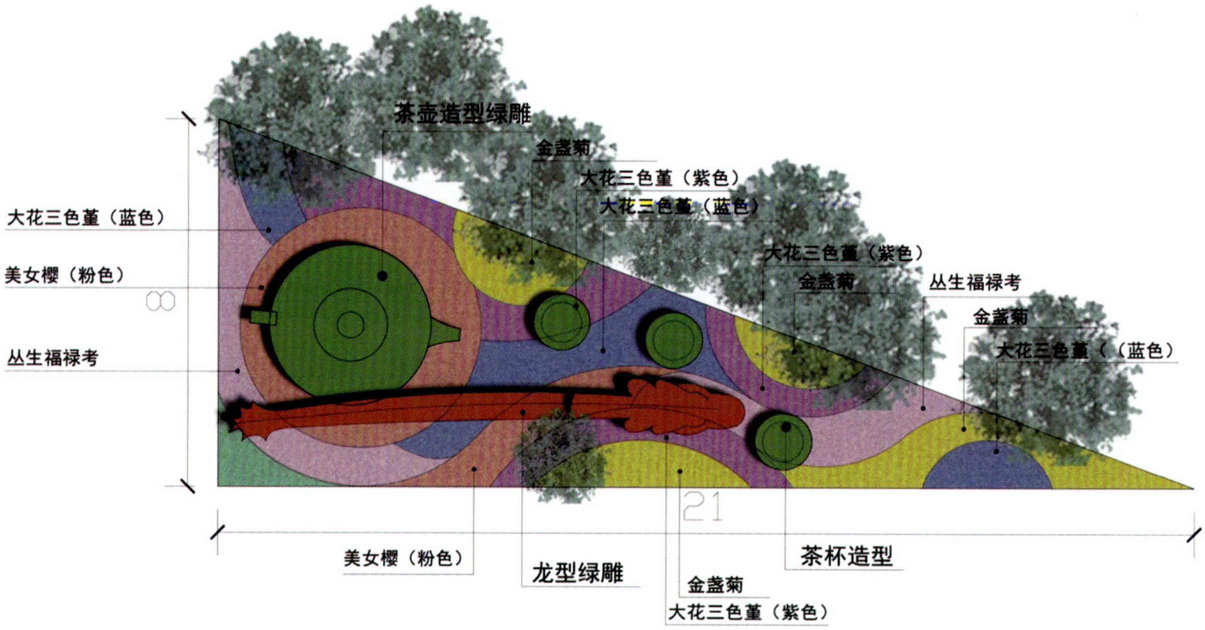

图7-62　花坛设计平面

图7-63　花坛效果

图7-64　花坛实景

造型展现安徽省黄山市黄山区茶文化。下层设置时令花卉彰显“百花迎春”的新年新气象。花卉选择3—4月开花的草花，品种选择大花三色堇、金盏菊、美女樱、丛生福禄考，色泽鲜艳，适应性强。

7.4.2 花境设计

（1）菊花花境

图7-65至图7-67（学生作业）为菊花花境设计，截取自作品《菊里书香地》，此设计项目位于浙江农林大学的实践基地。该设计以菊花为主题，寓意浙江农林大学的师生如菊花般乐观积极、淡泊名利，不与他人同流合污。整块场地铺装以圆形组合构成，圆形活泼、圆润、亲切、饱满，与花中四君子之一的菊花呼应。路面多使用原有石块材料铺就，利用植物形成的竖向线条产生疏密对比，使观赏者拥有多维度的体验感。场地里面的构筑物仿照中国竹筒建造，排列流畅，结合菊花灯烘托整体气氛，与学校的校训相得益彰，让师生在工作学习之余饱览自然景观。

图7-65 菊花花境设计平面

图7-66 菊花花境设计效果

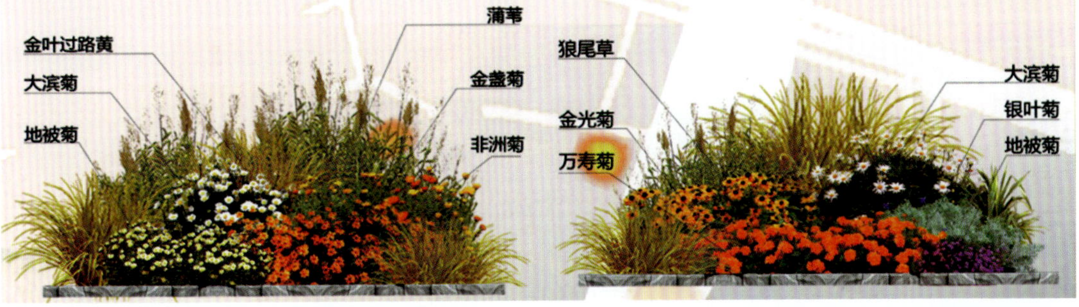

图7-67 草丛设计图

（2）再野化花境

图7-68至图7-70（学生作业）是以再野化为主题的花境设计，截取自作品《市野，是也——基于鼬獾生境营造的城市废弃地再野化探索》。在城市扩张背景下，野生生物的栖息空间受到极大限制，数量急剧下降。鼬獾作为具有代表性的城市生物，曾广泛分布于杭州市临安区中心。本设计选取临安区废弃地进行更新修复，以鼬獾为线索，通过四大策略提出功能转型、景观叙事、动态控制策略和公众参与方案，营造低成本、低维护的城市荒野景观，为城市生物提供栖息场所，打造市民日常游憩及人与城市生物和谐共存的再生空间。

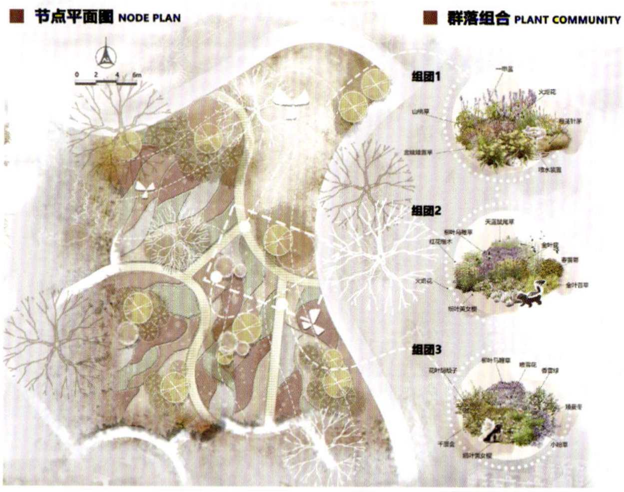

图7-68　再野化花境设计平面

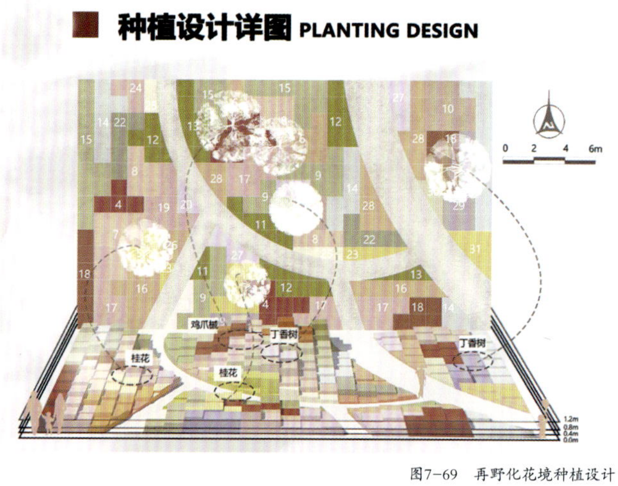

图7-69　再野化花境种植设计

图7-70　再野化花境设计种植策略

7.4.3　花台设计

图7-71（学生作业）为庭院中的花台设计。规则式花台内种植蓝色和紫色的草花，花台的中央位置点缀一棵造型树，创造出一种独特而美丽的视觉效果。蓝色和紫色之所以被选择作为主要的花卉颜色，是因为它们能够营造出浪漫、神秘和宁静的氛围。造型树能够为花台增添立体感和层次感，使整个花台更加生动有趣。

7.4.4　花池设计

图7-72（学生作业）为城市庭院的花池设计，旨在打造一个与城市喧嚣相对的，充满自然韵味和盎然生机的绿洲，让人们在繁忙的都市生活中感受到大自然的美好和宁静。这个设计采取自然配置，选择八仙花、麦冬、茶梅、金鱼草、金光菊、海桐球等多样的植物，以营造出丰富多彩的景观。绿色叶片和淡雅的花朵可以为整个庭院花池增添一份清新的气息，同时也为周围的空间增添了绿意。

7.4.5　垂直绿化设计

图7-73（学生作业）为商业广场景墙设计。城市墙面的垂直绿化景墙设计旨在为商业区增添一抹绿意，提升环境质量，同时也为人们带来美丽的视觉享受。这个设计主要选择了草花类植物，包括白可花、满天星、矮牵牛和紫花地丁等，以打造一个丰富多彩的景墙，同时也为行人提供一个愉悦的观赏空间，使城市更加宜居美好。

7.5　小结与展望

在景观设计中，植物是重要的材料之一，它与建筑、山石、水体构成景观四要素，而花卉在植物装饰中占据主导地位，它观赏特点明确，运用灵活，可形成花坛、花台、花丛、花池、花境等，同时也可以形成盆花、插花等艺术景观。

在城市建设过程中，花卉运用较多，主要用于节假日、展览、城市道路的绿化等。而在乡村绿化中，草花运用较少，即使运用了，由于缺乏养护管理，花卉装饰效果较弱，最终导致杂草丛生；而且在运用过程中，花卉种类较为单一，对乡土花卉的开发利用较少。我国素有“世界园林之母”之美誉，主要是因为我国具有丰富的植物资源，世界其他国家培育的花卉种源大多来自我国。由此可见，对花卉的开发利用，尤其是乡土野生花卉资源的普查、引种驯化、新品种培育等迫在眉睫。

课后习题

1．简述花卉应用类型及其基本概念。

2．简述各类型花卉材料及其配置方式。

3．花卉应用设计应注意哪些方面？

4．如何通过花卉的色彩、形态和布局在园林设计中创造美学价值？请结合中国传统园林美学原则进行分析。

图7-71　花台设计

图7-72　花池设计

图7-73　垂直绿化设计

参考文献

[1] 董丽．园林花卉应用设计[M]．北京：中国林业出版社，2003.

[2] 陈雅君，毕晓颖．花卉学[M]．北京：气象出版社，2010.

[3] 李胜，李唯．植物组织培养原理与技术[M]．北京：化学工业出版社，2007.

[4] 陈俊愉，程绪珂．中国花经[M]．上海：上海文化出版社，1990.

[5] 赵秀芳．蕨类植物的孢子繁殖技术[J]．中国种业，2005（2）：42–43.

[6] 宛成刚，赵九州．花卉学[M]．上海：上海交通大学出版社，2008.

[7] 谢国文．园林花卉学[M]．北京：中国农业科学技术出版社，2002.

[8] 芦建国．花卉学[M]．南京：东南大学出版社，2004.

[9] 陈瑞修，王洪晶．园林花卉栽培技术[M]．北京：北京大学出版社，2008.

[10] 姜在民，贺学礼．植物学[M]．咸阳：西北农林科技大学出版社，2009.

[11] 刘会超，王进涛，武荣花．花卉学[M]．北京：中国农业出版社，2006.

[12] 李宪章，李文，黄琳琳，等．常用景观花卉[M]．北京：金盾出版社，2009.

[13] 张福墁．设施园艺学[M]．2版．北京：中国农业大学出版社，2010.

[14] 包满珠．花卉学[M]．2版．北京：中国农业出版社，2003.

[15] 北京林业大学园林学院花卉教研室．花卉学[M]．北京：中国林业出版社，2002.

[16] Tailong ZHANG，Conor SPENCE，Feng QI，et al. Influence of tree location on thermal radiation disturbance of the west wall of summer buildings[J]. Energy & Buildings，2022，273（3）：112359.

[17] Shaojun YAN，Tailong ZHANG，Yu WU，et al. Cooling effect of trees with different attributes and layouts on the surface heat island of uban street canyons in summer[J]. Atmospere，2023，14（5）：857.

[18] Tailong ZHANG，Xiaotong FU，Feng QI，et al. Study on the daily thermal radiation iso–disturbance on a building by trees in summer[J]. Urban Forestry & Urban Greening，2024，99（9）：128468.

[19] 毕晓颖，赵珺，郑洋，等．观赏植物育种学课程思政元素挖掘与教学设计[J]．沈阳农业大学学报：社会科学版，2023，25（4）：502–506.

[20] 胡锐，陈睿智．成都自生草本植物屋顶绿化夏季气候适应性研究[J]．风景园林，2024，31（4）：104–110.

[21] 王洪成．气候变化下的城市绿色空间发展[J]．风景园林，2023，30（S2）：12.

[22] 李佳滢，王洪成．城市绿色基础设施固碳增汇的自然解决方案研究进展[J]．风景园林，2023，30（S2）：26–32.

[23] 韦犸．设施栽培物联网智能监控与精准管理研究[J]．数字技术与应用，2020，38（7）：137–140.

[24] 段然．基于植物生物节律的园林植物照明[M]．重庆：重庆大学出版社，2019.

[25] 王才勇．从折枝花卉到花卉装饰——中西艺术的不同处理方式及其可互喻的美学追求[J]．浙江社会科学，2022（4）：126–132.